图说
榛子周年栽培关键技术

梁春莉　聂洪超　主编

化学工业出版社
·北京·

本书在系统收集整理当前我国榛树研究与生产实践成果的基础上，结合作者多年来榛树栽培研究技术成果，以果农熟悉的农时季节——春、夏、秋、冬为主线，结合大量第一手高清彩图，详细介绍了各时期榛树栽培的管理要点与关键技术。另外，针对榛树生产中常见问题及农事操作规范等内容，专门制作了视频，以二维码的形式嵌入书后附录中，以期能为广大榛树栽培者提供专业栽培知识和有用线索。

本书图文并茂，内容新颖，具有较强的科普性、专业性和实用性，适合从事榛子栽培的果农、企业人员、果树栽培爱好者阅读，也可供相关专业院校师生参考。

图书在版编目（CIP）数据

图说榛子周年栽培关键技术/梁春莉，聂洪超主编.
—北京：化学工业出版社，2019.4
ISBN 978-7-122-33792-4

Ⅰ.①图… Ⅱ.①梁…②聂… Ⅲ.①榛-果树园艺-图解 Ⅳ.①S664.4-64

中国版本图书馆CIP数据核字（2019）第011940号

责任编辑：刘　军　冉海滢　　文字编辑：杨欣欣
责任校对：张雨彤　　装帧设计：关　飞

出版发行：化学工业出版社（北京市东城区青年湖南街13号　邮政编码100011）
印　　装：北京瑞禾彩色印刷有限公司
880mm×1230mm　1/32　印张$4^1/_4$　字数155千字　2019年6月北京第1版第1次印刷

购书咨询：010-64518888　　售后服务：010-64518899
网　　址：http://www.cip.com.cn
凡购买本书，如有缺损质量问题，本社销售中心负责调换。

定　　价：29.80元

—— 本书编写人员名单 ——

主　　　编：梁春莉　聂洪超

副　主　编：于立杰　张力飞

其他参编人员：（按姓名汉语拼音排序）

陈　涛　金立国　李建军　盛淑艳

田宝江　魏本欣　张玉君　朱友谊

前 言

榛子是世界四大坚果之一，榛仁具有独特的风味和丰富的营养，除可鲜食外，还是各类加工食品，如巧克力、糖果、榛油等的原料。我国是榛树原产国之一，原产于我国的榛属植物有8种，目前商品化栽培的榛属种类有平榛、平欧杂种榛及欧洲榛子。平欧杂种榛栽培面积随年份增长较快，截至2018年，据不完全统计，辽宁省平欧杂种榛栽培面积约40万亩，在全国各省（自治区、直辖市）中居第一位，全国栽植面积约100万亩。

榛子产业发展迅速，随之带来的是栽培技术亟待普及。多数农民对榛子栽培技术掌握较少，认为榛子是一种经济林树种，栽植简单，管理粗放，几年就可见果。甚至很多果园在树上进行产果，树下进行繁苗，将榛果生产和育苗同时进行，导致果树结果量极低，榛果品质较差，使后来栽植榛树的榛农对榛树栽培失去信心。2016年，我国林业部大力推广退耕还林、沙地改造种林等一系列相关政策，各地林业及农业主管部门纷纷响应号召，对于栽种平欧杂种榛，给予栽植补助。这样从2016年开始，农民栽种平欧杂种榛的热情又高涨起来，对于专业栽植技术的需求极其强烈。

在各榛子栽培面积较大的地区，农业及林业主管部门对于榛树栽培技术培训极其重视，培训较多，但农民在课上所学知识不能充分吸收，需要一本详实可靠、与农业生产贴近、经验先进、且通俗易懂的小册子供农民学习。由于榛树栽培产业发展历程较短，本产业科研工作者较少，相关著作更是稀少。榛子种植多数是以农民及合作社为主，受众群体知识层次不高，对于培训内容不能立即转化为自用技术。因此，一本科学、易懂的榛树科普读物和科学专著已成为目前榛树产业技术推广的必要素材。

本书以榛树物候期为基础，以果树四季栽培管理为主线，按照春、夏、秋、冬四个季节介绍榛树栽培技术要点，以榛子行业专家多年的宝贵经验为基础，收集各科研院所、农民合作社多年栽培经验，汇编而成。书中技术介绍辅以清晰图片，图文并茂，能迅速让农民从基本认知提升到专业生产技术水平。希望本书的出版，能为榛树生产一线的各类从业者提供最基本的技术指导，为榛树栽培技术迅速普及奠定理论基础。

本书在编写过程中得到辽宁省固沙研究所成文博主任的热情帮助。本书编写过程中参考了有关单位和专家的文献资料，在此一并表示诚挚的感谢。由于编者水平和时间有限，疏漏之处敬请读者批评指正。

编者

2018年12月

目录

目录

第一章

榛树生产及发展概况

一、榛树栽培现状

1. 历史与分布

榛为桦木科榛属植物，全世界约有20个种，广泛分布在亚洲、欧洲、北美洲的温带地区，主产地为土耳其。我国在20世纪80年代前，榛的大面积栽培种植比较少，但东北、华北的广大山区，都有野生品种，当地人采集其种子作为山货出售。我国对榛的研究始于20世纪60年代初，最初，研究集中在野生榛种类、类型、形态与生态的调查及种质选优上。鉴于平榛具有果个小、果壳厚、出仁率低、产量不高等弱点，20世纪70年代，辽宁省经济林研究所在大连开展了欧洲榛引种及选种的研究、平榛（图1-1）选优研究。由于引进的欧洲榛不能适应我国东北寒冷的气候条件，于1980年开展了平榛与欧洲榛的种间杂交育种研究，1996～1999年陆续选育出平欧种间杂交优系，1999年鉴定第一批平欧杂种榛品系，其具有果大、丰产、抗寒性强、果仁质量好等特性。这为我国榛子生产从野生走向栽培提供了优良品种资源。经过近40年的试验研究，目前选育优良平欧杂种榛（图1-2）品种14个，目前在生产中大面积推广栽培。平欧杂种榛的培育成功，在榛领域的研究上是一重大突破，结束了榛树在中国没有园艺化栽培的历史，扭转了榛子市场只进口不出口的局面。目前在国内已掀起了榛

图1-1　平榛结果状

图1-2　平欧杂种榛丰产状

图1-3　平欧杂种榛果实

树栽培热，很多地区的榛苗木和果实（图1-3）已给果农带来了可观的经济效益。榛树栽种面积较大，长江以南商品化栽培主要以欧榛品种为主，长江以北至黑龙江南部是平欧杂种榛分布面积最广泛的地区，具体包括黑龙江南部、辽宁大部分地区、吉林、河北、山东、河南、江苏北部、安徽北部、山西、内蒙古南部、陕西、宁夏中南部、甘肃、青海南部、四川北部、新疆、云南、西藏南部等地区，即年平均气温3.5～15℃的地区均可栽培。

2. 生产现状

在生产和生活中，人们常把榛及其带壳种子都统称为榛子，且常把榛的带壳种子称为榛的果实。目前，我国栽培的榛子以平欧杂种榛为主。平欧杂种榛在种植户口中有较多俗称，如杂交榛子、大果榛子、抗寒大果榛子、平欧榛子等。榛子是营养丰富的干果，现已成为我国北方重要的经济林树种。发展榛子生产，可促进农民增收致富，带动农业和农村经济发展，又可绿化荒山及改善生态环境，是当前山区农业产业结构调整的首选项目之一。

榛树规模化栽培历史较短，目前选育优良品种时多以果大、丰产、抗寒为指标。但榛果用于鲜食的比率仅占总量的20%，多数果实还是以加工为主，因此下一步，育种工作重点要集中在具有脱壳容易、含油量高等适于加工特性的品种选育中。

随着榛树栽植面积逐渐扩大，对优良苗木的需求更是急剧增加，生产上优良榛树品种应用的繁苗技术多数为压条繁殖。榛树栽培研究主要集中在提高坐果率、整形修剪、病虫害防治等方面。根据榛树的生长特点，辽宁省果树科学研究所聂洪超等研究总结出“低干多主枝半圆形”树形及配套修剪方法。前期整形的主要目的就是扩大树冠，增加枝量，形成一个能负担一定产量的树体结构；修剪就是调节生长与结果的关系，每年通过修剪（相当于平茬、强缓弱截）来培养健壮的结果母枝，为结果打基础。

3. 在种苗繁育中存在的问题

（1）品种杂乱，良种品评标准不够完善　榛树经济效益好，尤其是平欧杂种榛这一品系的一些优良品种，刚一问世就发展得非常火热。许多单位及个人为了追求效益盲目快速繁苗，一些刚培育出的试栽品系就被大量繁殖出售，个别的甚至以普通平榛等野生榛子苗冒充优良榛子苗出售。而大多数生产者又对其品种的特性不是很清晰，无法辨别，造成生产上品种混乱。

（2）繁苗技术落后，苗木质量差　现在许多单位或个人对榛树的苗木繁育多是采用常规繁苗技术，利用结果园来繁育苗木。繁育出的苗木不但单位面积数量较少，而且根系稀疏，苗高矮不一，较高的苗木达到2米，矮的只有几十厘米。对外出售的苗木分一、二、三级苗，而二、三级苗木根本就不适合建园。一些繁育苗木的榛园在七八年以后，母树大量抽条和死亡，给榛子的生产发展带来很大的负面影响。

（3）专业化苗圃较少　生产上一般都是利用生产园繁苗，树上结果，树下繁苗。这不但造成生产园产量低，而且繁育出的苗木较少，质量差，易混杂，使得该类型园经济效益低下。而且采取这种不当的苗木繁育方法连年繁育苗木，会导致榛树因缺乏营养而大量死亡（图1-4）。

图1-4　榛树母株缺乏营养抽条而死

令人担忧的是：目前，70%以上的榛子优良品种生产园都在繁育苗木。

（4）栽培技术普及较差　榛子新种——平欧杂种榛的出现拉开了我国榛子园艺化栽培的序幕。因为榛子人工栽培年限较短，生长结果习性较其他果树差别大，可借鉴的栽培技术较少，因此，生产上存在问题较多。

目前，在榛树栽培管理技术方面，出现的问题主要有以下四方面。

其一，栽植密度大。榛子幼树结果较早，栽后第二年就能见果。生产上很多果农根据榛子结果早这一特点，为了追求前期产量，早见效益，建园的时候栽植密度较大。这就使得当榛子丰产年限到来时，枝条伸展不开，通风透光条件差，其产量上升幅度较小。

其二，整形修剪技术落后。榛树的整形修剪技术比较简单，但并不是说榛树就不需要修剪。从生产上看，很多榛园从未修剪，或沿用其他果树的修剪方法，修剪不到位或修剪错误，致使榛子产量较低或增产较慢。榛子的结果习性较其他果树不同，它需要长枝结果。因此，榛树修剪的目的就是要每年培养一定数量的长枝。在修剪中过多的轻剪缓放、过重短截及过大的开张角度、过度整形等都是错误的做法。

其三，病虫害防治力度不够。虽然榛子抗病虫能力强，但是也需要一定的防治措施。有很多地区的果农在管理榛树时很少防治病虫害，一些常规病虫害不知道如何防治。甚至误解认为榛树抗病虫能力强不需要防治。图1-5所示为虫害导致的榛树树体死亡。

其四，间作物种植过多。在生产上，很多榛园都大量种植间作物，造成榛园郁闭，通风透光条件差，有的间作物还与榛树争肥水，严重地影响了榛树的生长发育（图1-6）。

（5）对榛子品种特性、生长结果习性等不了解　很多果农对榛树的品种特性不了解，误认为榛树抗寒性都很强，果大就丰产。其实生产上推广的榛子优良品种抗寒性差别很大：有的只能在沈阳以南地区栽植；

图1-5　虫害导致的榛树树体死亡

图1-6　间作物影响榛树生长

图1-7　不适当栽种导致死树

有的甚至可以栽到黑龙江、内蒙古地区。丰产性也不是由果实大小来决定的。榛树的枝条生长、雌雄花形成与着生部位、开花结果方式等与其他果树差别较大，很多果农栽培了多年榛树甚至没有看见过榛树开花是什么样的，更不知道怎样结的果，管理不好榛树，甚至因为不适当的栽种而导致榛树死亡（图1-7）。根据平欧杂种榛对气候等主要栽培因子的要求和不同品种的抗寒性强弱，将中国榛树适宜栽培区确定为4个：北部栽培区、中部栽培区、南部栽培区和干旱地带栽培区。每个栽培区都有其适宜栽培的品种。

二、发展前景

平欧杂种榛的出现在我国掀起了榛树栽培的高潮。目前榛子在一些山区得到一定程度的发展，其发展的动力源于榛子果实的商品价值高。目前榛果的市场价格在30～60元/千克，发展前景广阔。

第一，平欧杂种榛在我国培育成功，为我国榛树栽培业提供了充足的种源。过去，榛树生产栽培没有适宜我国的栽培品种，现在以平欧杂种榛系为主的一系列优良品种，不仅在果实大小、果实品质、丰产性方面达到了国外榛树品种的水平，而且其抗寒适应性远远超过欧榛系的品种。我国培育的平欧杂种榛系的优良品种，可以适应不同气候条件地区的栽培。同时由于果实形状、果壳厚薄不同，又适用于不同用途的要求。如榛果椭圆形、色泽美观的适宜带壳销售和贸易；壳薄的品种则适宜炒熟销售；圆形榛果更适于加工成榛仁销售或用于油料、食品加工等。

第二，我国适宜榛树栽培的生态条件范围广。根据十多年的区域试验和各地引种栽培调查研究，研究人员发现现有的榛树优良品种可以在我国北纬32°～46°的广大地区栽培，即长江以北至北纬42°地区的适生区均可栽培。

第三，榛子市场前景广阔。榛子营养丰富，风味佳，历来是人们喜爱的干果食品（图1-8），还可以制成榛酒、榛子粉（图1-9）、榛仁巧克力、榛子乳（图1-10）以及各类食品添加剂。随着我国人民生活水平

图1-8　榛子干果

图1-9　各类榛子加工品

图1-10　榛子乳制品

的提高，干果进入家庭餐桌已成为普遍的时尚。过去我国榛子产量少、质量差，远远不能满足市场需求。因此，我国进口榛子亦有十多年的历史，而且进口量逐年增加，尽管市场零售价格在40～80元/千克（个别高端市场100～200元/千克），仍然呈现购销两旺、供不应求的局面。

国外市场对榛子需求量很大，如日本、韩国、东南亚各国、荷兰等每年都要进口榛子。

第四，榛子是重要的木本油料作物。榛仁含油量高达63.5%，且营养丰富，含人体所需的各种氨基酸。榛子油中含96%的不饱和脂肪酸，是高档食用油，可帮助调整人体的各种机能。

三、榛园建园及榛树栽植

1. 榛园建立

榛园建立是榛树丰产栽培的一项重要基本建设，直接关系到榛树生产的成败及其经济效益的高低。建立榛园涉及多项综合配套技术，某一环节决策失误或技术实施不当，都需要花费更多的时间和投资来纠正不良后果。

新建榛园均应向园艺化、商业化的目标发展，高投入，高产出，快见产量，降低成本，多出效益。这应该是现代商业化榛园的发展方向。

2. 园地选择

（1）地势　榛树栽培以平地最好（图1-11）。平地土层深厚肥沃，榛树生长发育快，可早结果，早丰产，也便于管理和机械化作业，可降低管理成本。缓坡地土层较深厚，光照充足，有利于排水，也是较理想的建园地势。在丘陵地建园，应在土层深厚的坡麓地带（图1-12）。榛树喜光，在坡度15°以下的任何坡向均可栽培（图1-13）。

（2）土壤　以排水良好的沙壤土最适于榛树生长，因为沙壤土透气性好，有机质易分解。壤土和轻黏壤土次之，也是榛树栽培较好的土壤。土层宜深厚、肥沃，有利于榛树的生长发育。土层厚度应在40cm以上，土层不足40cm厚时应局部改良土壤。若土壤黏重，低洼易涝，盐碱度大，则不宜直接建园，应将其改造为台田栽培。

图1-11　平地榛园

图1-12　坡地榛园

图1-13　山地千亩榛园

（3）水源　榛树喜湿润的环境条件，北方的气候特点是春季干旱，所以建园初期，水分供应是不可缺少的条件。靠近江河、湖泊、水库以及有地下水源条件之地均可建园。

3. 榛园小区的划分

小区是榛园的基本生产单位，是为方便生产管理而设置的。榛园小区的划分，将直接影响榛园的经济效益和生产成本，是榛园土地规划的一项重要内容。

榛园小区的划分需考虑以下五方面。

第一，同一小区内气候和土壤条件应当基本一致，以保证同一小区内作业管理措施、内容和效果的一致。

第二，在山地和丘陵地，必须考虑榛园水土流失的问题，应做好有利于水土保持的设计。

第三，应有利于防止榛园的风害。

第四，应有利于榛园的运输和机械化管理。

第五，每个小区的面积不宜过大，一般以1～2公顷为宜。小区形状以长方形为好。要以自然沟渠为界来划分小区，以利于田间管理和水土保持。小区常以道路分开。

小区面积应因地制宜，大小适当。面积过大，管理不便；面积过小，不利于机械化作业，还会增加非生产用地面积的比例。

（1）道路的设置　榛园的道路系统由主路（干路）、支路和小路（作业道）组成。一般主路宽5～6米，是园内的主要道路，外与公路相通，内与支路相连，将榛园分成几个大区。若园区是中型榛园，为节省土地面积，也可将主路宽设为3～4米，把园内大区分成若干个小区，小区内每50～60米设一条作业道，作业道宽1～2米（图1-14、图1-15）。

（2）排灌系统设置　应充分利用当地水源，如河流、小溪、地下水，引水入园。

现代榛园的灌水系统，应是节水型的，主要分为3个系统：管道灌溉系统，用输水管道把水输送到榛园里，实施树盘灌溉或沟灌；喷灌系统（图1-16），增加园内空气湿度，改善局部环境；滴灌系统，节约水量，保持土壤湿润，但设施成本提高。

灌溉渠道的走向应与榛园小区的短边一致。而输水支渠的走向则与小区的长边一致。山地榛园的渠道与平地不同，它可以结合水土保持系统沿等高线按一定比降挖成明沟，可排灌兼用。

图1-14　园区主路和作业道

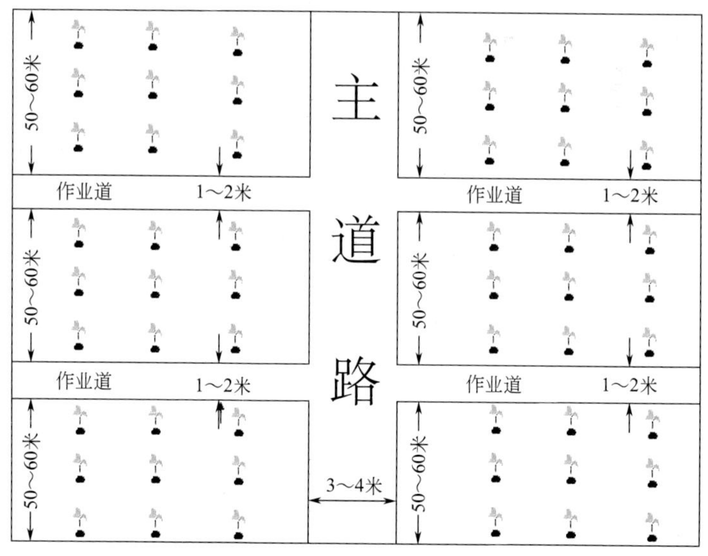

图1-15　中型榛园园区道路

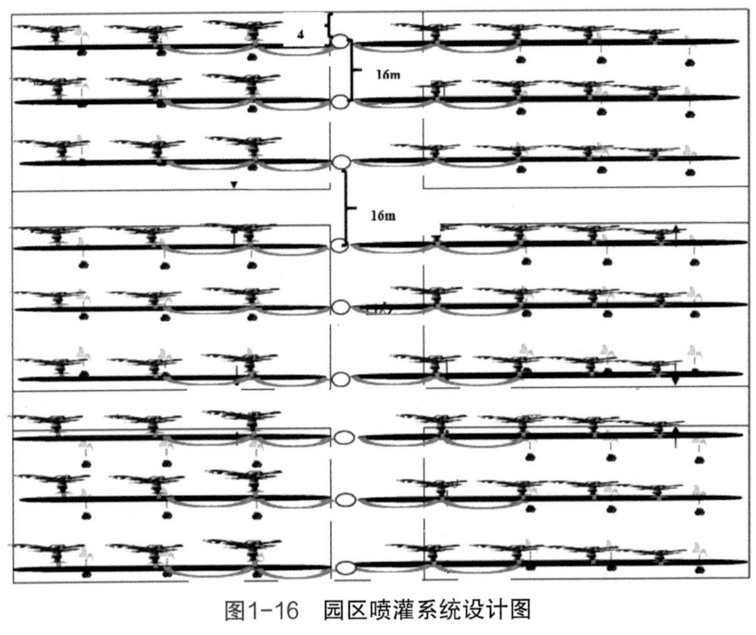

图1-16　园区喷灌系统设计图

干道出水口；支管；喷灌

（3）防风林的设置　为防止风害和改善园内小气候条件，需要设置防风林。规划设置时，要根据当地的地势、主风方向和林带防风的有效距离（一般为树高的20～30倍）来设计林带的走向、带间距离、林网的形式及适宜树种。山地榛园的防护林可设置在园地的四周、沟谷两旁或分水岭上，主林带一般5～8行，与当地主风方向垂直；副林带2～4行，与主林带垂直配置。

（4）其他设施　应根据榛园园地大小及榛子产量情况，设置堆果场兼选果场、包装场。该场地要求干净整洁，便于堆放带苞的榛果，以及方便脱苞、晾晒和剔除杂物等。堆果场应与园地建筑物如工具间、仓库等设置在一起。

（5）榛园栽植设计　栽植园要在总的规划设计的基础上单独设计，划出各小区的计划栽植图。计划栽植图上应包括下列内容：栽植的位置、栽植植株行距、栽植品种及授粉品种的株数。设计栽植图时，要注意园地四周定植株与道路和排灌渠道及防风林的距离。尤其是在设计计划采用机械化作业的榛园时，必须预留出足够的机械行动空间。

图1-17　达维一序多果

图1-18　达维果苞

图1-19　达维丰果状

4. 品种选择

榛树优良品种应具备果大、壳薄、耐寒、耐瘠薄等特性。下面介绍几个目前推广较好的优良品种。其他品种及品系介绍见附录3。

（1）达维（育种代号84-254）　1984年杂交，1989年初次入选，1999年命名。树势强壮，树姿半开张。雄花序少。一序多果（图1-17、图1-18），平均每序结实2.5粒，丰产（图1-19）。果实椭圆形（图1-20），平均单果重2.5～2.7克，果壳红褐色，厚度为1.2～1.4毫米，果仁光洁、饱满、风味佳，出仁率42%～44%。果实8月中旬成熟。据辽阳县河栏镇榛园调查：达维5年生树株产1.6千克。7年生树平均单株产量1.75千克。抗寒性极强，休眠期可耐−35℃低温，在冬季有雪覆盖条件下，可在黑龙江桦南县南部（北纬46°）正常越冬结实。达维

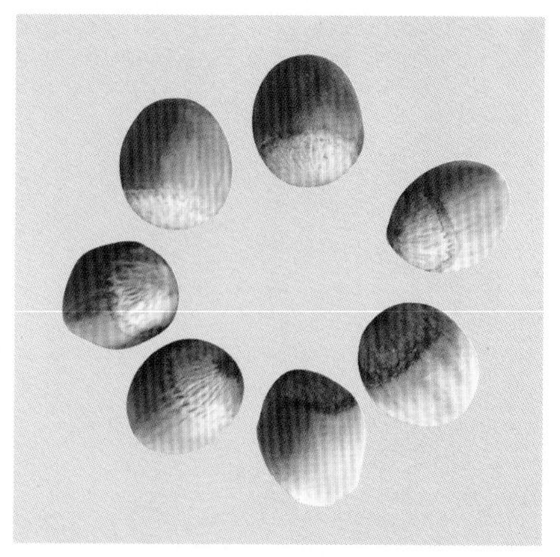

图1-20　达维果去除果苞

易感染白粉病，对除草剂2, 4-滴丁酯敏感，耐受力弱，果实颜色偏暗是其缺点。适宜在年平均气温4℃以上地区栽培。为重点推广品种之一。

（2）玉坠（育种代号84-310） 1984年杂交，1989年初次入选，1999年命名。其树势强壮，树姿直立，树冠较大，在沈阳地区6年生树高2.6米，冠径1.9～2.0米；果实（图1-21～图1-23）椭圆形，暗红色，平均单果重2.0克，果壳厚度1.0毫米，出仁率48%～50%，果仁光洁、饱满、风味佳。在辽宁沈阳7年生树株产2.7千克。在沈阳3月下旬开花，8月下旬果实成熟。

图1-21　玉坠结果状

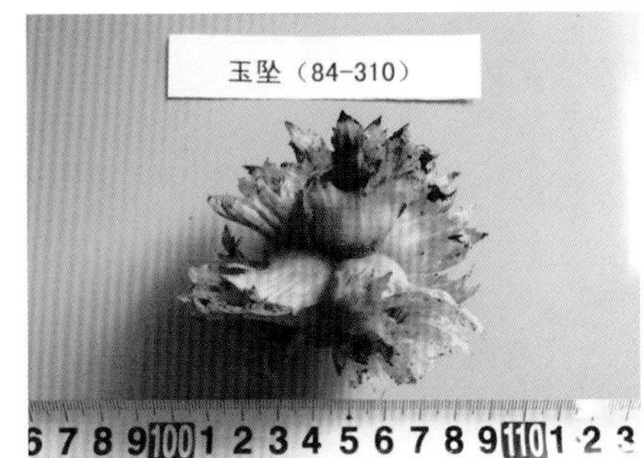

图1-22　玉坠果苞

图1-23　玉坠去果苞鲜果

抗寒，越冬性强，休眠期可耐−35℃低温，适宜在年平均气温4℃以上地区栽培。该品种果实较小，但果仁风味佳。

（3）辽榛3号（育种代号84-226） 1984年杂交，1989年初选，2006年命名。树势强，树姿直立，果实（图1-24～图1-26）长椭圆形，黄褐色，平均单果重2.9克，果仁重1.1～1.3克，果壳厚度为1.6毫米，出仁率高达47%，果仁光洁、饱满、风味佳。较丰产，在辽宁沈阳7年生树株产2.9千克。抗寒性强，冬季可耐−35℃低温，在有积雪覆盖条件下，在年平均气温4℃以上地区均可栽培。

图1-24 辽榛3号结果状

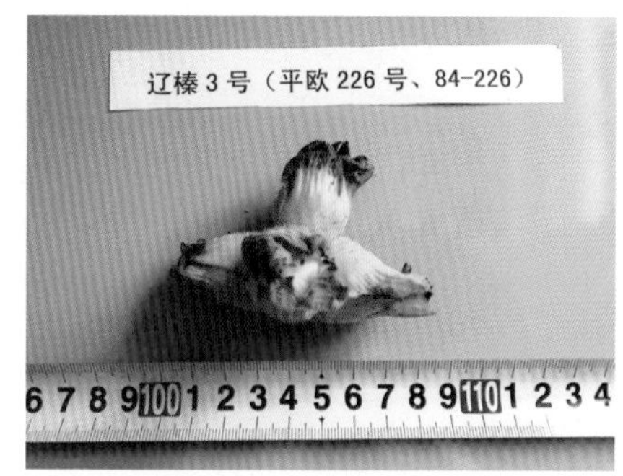

图1-25 辽榛3号果苞

图1-26 辽榛3号去果苞鲜果

图1-27　平欧21号结果状

图1-28　平欧21号榛果

（4）平欧21号（育种代号B-21）1984年杂交，1955年初选。树势强壮，树姿半开张，在辽宁沈阳6年生树高2.7米，冠径1.8～2.0米；冬季叶宿存。果实（图1-27、图1-28）长圆形，红褐色，单果重2.8克，果仁饱满、光洁、风味佳，出仁率44%。果实8月下旬成熟。丰产，在辽宁桓仁7年生树株产2.6千克。抗寒，冬季可耐−35℃低温，可在年平均气温4℃以上地区栽培。

（5）平欧15号（育种代号82-15）树势强壮，树姿半开张，在辽宁沈阳6年生树高2.6米，冠幅直径1.2～1.4米。定植后2～3年生开始结果，在辽宁沈阳7年生树单株产量1.4千克。

该品种抗寒，越冬性强，休眠期可耐−38℃低温，可以在年平均气温3℃以上地区栽培。该品种可自花授粉。果实（图1-29、图1-30）长圆形，红褐色。中型果，平均单果重2.0克，果仁重1克，果壳薄，约1毫米，出仁率48%～50%，果

图1-29　平欧15号果苞

图1-30　平欧15号去除果苞

仁光洁、非常饱满。果实虽然小，但果仁不小；产量稍低，但果仁风味极佳。可作为达维的授粉品种，为优良品种之一。

5. 栽植密度与方式

决定榛树栽植密度的因素有很多，其中主要包括栽培品种、栽培方式、采用的树形、作业方式、地势、土壤、气候条件等。总体上，对于土壤肥沃、地势平坦且采用机械化作业的园地，栽植株行距应大些；坡度较大，土壤瘠薄和难以采用机械化作业的山地榛园，栽植行距可小些；长势旺盛、树冠开张的品种，应栽植株行距大些；长势弱、树冠直立紧凑的品种，则栽植株行距小些。

根据栽培目的不同，栽培密度也有差异。为达到早期丰产的目的，可以采用早期密植。在土壤瘠薄地块栽植，株行距为2米×3米，每亩可栽植111株。若在土壤条件较好地块栽植，株行距为3米×4米，每亩可栽植55株。

栽培方式采用长方形定植，单行栽植。平地栽植时行向应为南北向，有利于树体受光均匀；山地栽植时则沿等高线栽植。

6. 栽植前准备

（1）平整土地　榛园园址选定以后，首先开垦园地，清理杂树、野草、石块等，然后平整土地（图1-31）。对于差距较大或凹凸不平的园地，用推土机机械平整，然后对全园进行深翻，深度大于30厘米。整地深翻时，可以结合施基肥提高建园土壤肥力。在排水不良的平地建园时，应在园地深翻后修成矮台田，高20～25厘米，行间修排水沟。对坡面不整齐的地势，要以定植点为中心，由上部取土培在下方，修成半月形的鱼鳞坑，作用是拦截雨水和上部冲刷下来的土壤及有机质。平整土地的工作一般在栽植前的上一年秋季完成。

图1-31　平整土地

（2）打点、挖定植沟或穴　定植前需要对果园进行区划。调查、勘测后，在图纸上规划出各小区位置、面积、道路、排灌等，然后根据各小区定植图的位置和株行距确定定植点（图1-32）。在打定植点的时候，必须注意到纵向和横向方位是否正确。

全园的定植点确定以后，开始挖定植穴（图1-33）。若株距较近，也可结合深翻挖条沟。定植穴的挖掘以在定植前一年秋季挖好为宜，如来不及则于定植当年春季化冻后尽早开始挖，回填后灌水。挖穴时要以定植点为中心，定植穴直径40厘米，深30～40厘米。挖穴时表土、熟土放在一侧，底部生土放在另一侧。回填时将底土与粪混拌均匀，填入定植穴的下部，然后将表层熟土填入定植穴上部。如果底土黏重，石块较多，也可不用底土，而取行间表土直接与粪混拌填入定植穴的下部。定植穴上部（地面向下30厘米）只填表层熟土，不放任何肥料。

（3）栽植　榛树栽植时期一般为春季或秋季。对于春季干旱少雨，冬季降雪充足的吉林或黑龙江部分地区，可采用秋季栽植。秋季栽植一般在果树落叶后、土壤结冻前进行。对于冬季少有降雪覆盖的地区，一般在春季栽植。辽宁熊岳地区一般在清明前后，榛树未萌芽但已经萌动时进行，栽植成活率较高。

苗木在栽植前处理根系可有效提高其栽植成活率。一方面，要对苗木根系进行修整，一般剪留根系10～15厘米，若苗木根数量较多，还要对根系过密处进行间隔疏除，修整后的根系恢复及生长效果极好。另一方面，栽植前需对根部进行蘸泥浆操作，可有效提高根系含水量及保水能力。

若栽植地无灌水条件，栽植前应检查定植穴的土壤湿度。若湿度适宜可栽植，栽植后三天内需要有降雨或灌水等措施为苗木补充水分。如果有立即灌水条件，土壤稍干也可栽植。在定植穴中进行栽植时要注意深度，根系不能埋土过深或过浅，要在栽植后使植株根与茎的连接处与地面平或略低于地面5厘米。按品种栽植计划将苗木放入定植穴内，使根系舒展，同时注意矫正位置，前后左右对直，然后填入湿土。当填土至一半时，将苗轻轻向上提，边填土边踏实，使根系与土壤紧密结合。待穴内填满土后将苗木的周围筑起树盘，使其直径达1米，便于灌水和蓄水。定植后要立即浇水，并要求灌透（图1-34）。水渗下后进行封土保墒，并用地膜覆盖树盘，以保湿增温，促进苗木根系的活动，提高成活率。

图1-32 拉线定点

图1-33 挖定植穴

图1-34　栽苗后树盘灌水

图1-35　栽后定干

（4）栽植后定干　栽植后应立即定干。幼苗栽植后第一次修剪，称为定干，其剪留长度称为定干高度。定干是在苗木的中上部进行短截，剪除长度一般为苗高的30%左右（图1-35）。在苗木栽植前已分类的前提下，使同一栽植小区保持高度一致。剪除苗木高度30%的定干方法，可使苗木的饱满芽带全部保留下来，使幼苗在栽植当年保持最大生长量，当年生的枝条分枝角度好且生长势缓和，有利于提早结果。对于根系较差、失水的弱苗，应该采取低定干的措施。低定干能提高苗木成活率。

第二章 榛生产园周年管理技术

一、榛园春季管理技术（2月~4月中旬）

（一）榛树春季物候期

榛树在春季要完成树液流动期、开花期及萌芽期三个物候时期，此时物候期特征见表2-1。

表2-1　平欧杂种榛春季物候期（熊岳地区）

物候期	时间	物候特征
树液流动期	3月中旬	春季，从有树液流动到雌雄花开花为止，为树液流动期。此时日平均气温3～5℃
开花期	3月中下旬开花，4月上旬结束	榛树开花早，在树液流动后日平均气温达6～8℃时即开始开花，先叶开放。榛树花为单性花，雌雄同株（图2-1）。雄花成葇荑花序（图2-2），圆柱形。春季气温回升得快，雄花开放进程也快，因此，雄花有时早于雌花开放1～3天，如果气温上升缓慢，雌雄花则同时开放。雄花开花是以雄花序松软开始（图2-3），然后花序伸长（图2-4），花苞片裂开，花粉黄色，以风为媒。雌花的开放以雌花芽的顶端微露出红色（或粉红色）柱头为始（图2-5），柱头颜色鲜艳。雄花一般持续6～14天，雌花持续10～14天
萌芽期	4月中旬结束	萌芽期在开花之后，雌花开花末期，芽便开始膨大（图2-6）。萌芽之后叶片开始展开，长出新梢，很快进入旺盛生长期

图2-1　榛树雌雄同株异花

图2-2　榛树雄花的葇荑花序

图2-3　雄花松软

图2-4　伸长的榛树雄花花序

图2-5　榛树雌花开放

图2-6　榛树叶芽膨大

（二）喷施防冻液

早春喷施防冻液。辽宁地区一般在2月下旬至3月1日前对树冠喷施防冻液（图2-7）。春季喷水、灌水多次，可降低土温，延迟开花，花前灌水2～3次，可延迟开花2～3天。连续定时喷水可延迟7～8天开花。可以有效地防止或减少树体水分蒸发，减轻抽条。

图2-7　喷施防冻液

（三）清园

果树清园能有效杀死越冬的害虫虫卵和病菌，提高树体抗虫防病能力。一般清理果园在冬春都可进行，冬季清理果园以清理果园中枯枝烂叶，集中烧毁或深埋为主；春季以喷施清园剂及修整畦埂（图2-8）为主，畦埂修理完毕（图2-9）后，及时浇灌萌芽水（图2-10、图2-11）。

图2-8　清理树下，修整畦埂

图2-9　清理后果园

图2-10　灌水

图2-11　树盘下灌解冻水

目前果园清园剂仍以石硫合剂为主要药剂。石硫合剂需在榛树开花之前施用，使用浓度为3～5波美度较好。若展叶期施用，喷施浓度降为0.3～0.5波美度。市售石硫合剂多是45%的结晶体，若果园面积较大，用量多，可以用生石灰、硫黄粉、水，人工熬制石硫合剂（附录1），药效好，作用明显。

（四）人工辅助授粉

榛树和其他果树一样，都有落花落果现象。结果枝伸长后，其顶端露出的小苞叶（花序）脱落了，即称落花。落花的原因是雌花序没有授粉，或只授粉而没有受精，导致子房不能膨大而脱落。因此，榛树在建园时应配置授粉树。在目前尚未选出固定授粉树品种的情况下，建园时，每个园地或小区可选3～4个品种，相间栽植，一般选花期相同或相近的品种，每个品种栽3～5行，各品种相间栽植可以互相授粉。榛树授粉有效期距离为18米以内，如果单独配置授粉树，应按主栽品种4～5行，授粉品种1行的比例栽植（图2-12），即可满足授粉的要求。另外，很多榛子产区还借助各类人工辅助授粉的方法促进榛树坐果。如，目前常用的挂雄花枝授粉，在主栽品种雌花开放之前，将授粉品种的花枝剪下来，插在盛水的瓶子里（图2-13），挂在需授粉榛树的上部（图2-14），通过雄花自然散粉落到雌花柱头，完成授粉过程。

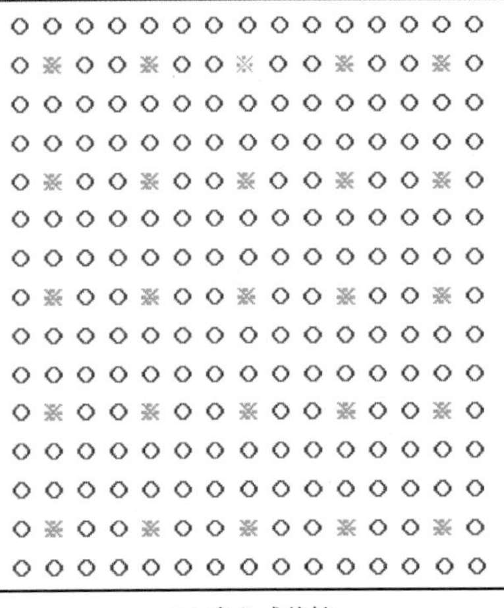

(a) 中心式栽植

(b) 行列式栽植

图2-12　授粉品种和主栽品种

※—授粉品种；○—主栽品种

图2-13　做授粉盛水小瓶

图2-14　挂雄花枝授粉

（五）肥水管理技术

榛园的灌水一般结合施肥进行。早春如土壤干燥，在发芽前后，根据土壤墒情，浇一次萌芽水。采用树盘内或带状灌溉法浇水，浸润土壤深度以40厘米为宜。结合灌水，可以撒施氮肥（图2-15）及复合肥（图2-16）。尿素需在灌水后施用，撒施后灌水容易产生肥害。3～4年生榛树可撒施尿素及复合肥50～100克/株，促进榛树萌芽。

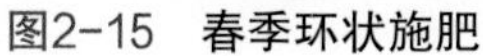
图2-15　春季环状施肥

图2-16　施肥种类

（六）修剪技术

榛树休眠期的修剪一般宜在早春进行，最适修剪时期是树液流动前一周，熊岳地区一般在2月中下旬开始到3月初基本结束。休眠期修剪包括幼树整形及盛果期果树修剪。

整形修剪是促进榛树早结果、早丰产、延长结果年限的重要措施之一，主要分为冬剪和夏剪。冬剪在落叶后至第二年树液流动前进行，以早春3月上旬为宜。榛树修剪总的原则是：长远规划，因树修剪，随枝做形，抑强扶弱，立体结果。

1. 幼树整形

（1）低干多主枝半圆形（单干形）

①树体结构　干高20～40厘米，树高2.0～3.0米，树冠直径3米左右，主枝开张角度60°左右，主枝数量5～10个，主枝错落均匀地

排列在中心干上，主枝枝间距在40厘米以上，中心干上的主枝不轮生，枝头上的延长枝不双生（图2-17）。

②整形过程

a. 定干　单干形整形定干高度60 ～ 70厘米。

b. 第2年的修剪

i. 选留中心干。要选留生长健壮的枝条，一般是剪口下的第一个枝作中心干。在饱满芽处进行短截。如剪口下第二个枝条生长强旺（图2-18、图2-19），出现了竞争时，可用它代替中心干延长枝头或者对

图2-17　低干多主枝半圆形（单干形）

图2-18　第2年冬季修剪前

图2-19　第2年冬季修剪后

其重短截以消除竞争。对于生长强的品种，可采取转主换头的方式，即重短截第一枝，用第二个枝条代头。

ii. 选留主枝。在生长当年，对于生长角度、方位合适的枝条，可选留作为主枝。对留作主枝的枝条进行短截，一般剪掉枝长的30%左右；对角度方位不好的强旺枝进行重短截，一般剪掉枝长的80%左右；其余弱小枝缓放不动；距地面20厘米以下的枝条及基部萌蘖枝全部清除。

c. 第3年的修剪　先在中心干顶部的分枝中选较直立健壮者作为中心干的延长枝，在饱满芽处短截。继续选留主枝并对其在饱满芽处短截。其余枝条：对强旺者重短截，偏弱者轻短截，生长缓和健壮者，缓放不动，留作结果母枝。第3年修剪中心干及主枝延长枝以外的枝条，短截总量应该在50%～60%内（图2-20、图2-21）。

d. 第4年至第6年的修剪　基本上可以完成整形任务，进入初果期。从以整形为主、边整形边结果，逐步转为以结果为主、继续调整树形。但这时还没有最后完成整形任务，树冠还不够圆满。第4年主枝基本选留完毕，第5、第6年只作局部调整，继续扩大树冠。在修剪上，要求继续对中心干、主枝延长枝进行短截，并对过密枝进行疏除。

e. 第7年以后的修剪　经过几年的修剪，6年生树已形成了低干多主半圆形树冠。树体大小、枝芽总量已基本达到丰产树的要求，已开始进入盛果期。此时的修剪要求就是调整树势稳健，保证有充足的结果母枝，使之连年丰产稳产。

图2-20　第3年冬季修剪前

图2-21　第3年冬季修剪后

图2-22 丛状形树

（2）丛状形 丛状形树在幼树期产量较高，但是进入盛果期以后，由于其基部多主枝，内部生长空间不够，易造成内部枝条枯死，结果部位外移，产量下降。因此，丛状形整枝在生产上很少应用。但是在一些地区栽植的小苗、山地土质瘠薄生长发育差者、基部枝萌生过多者，为了提早结果，仍采取丛状形整形（图2-22）；在高寒地区为了防止日灼病、小动物啃咬树干也采取丛状形。

丛状形树体结构：通常保留均匀向四周伸展的3～5个基部枝作主枝（后期多是萌蘖枝）（图2-23）。

图2-23 丛状形树四个骨干枝

主枝上有侧枝，侧枝上着生结果枝组，树高2～2.5米，树体呈丛状球形。整形步骤如下：第1年，选3～5个基部枝做主枝，进行短截，其余枝疏除。第2～3年，对已选留的主枝及侧生枝进行轻短截。第4年即形成丛状形树冠。注意及时除去萌蘖枝。

2. 盛果期树的修剪

（1）控制树势平衡　对强旺的主枝采取少短截、重短截（图2-24、图2-25）、多疏枝的修剪方法（图2-26、图2-27），以缓和生长势。减少短截数量，保留的结果母枝相对增多，产量的增加可以减缓主枝的生长势；加重短截程度，能够使枝的总量减少，结果枝组的总体积减小；多疏枝少短截能更好地缓和树势。

（2）保证树势健壮　榛子树和其他果树不同，需要健壮的长枝结果。枝条成花量和枝条长度成正比，枝条越长，成花量越大。最经济的枝长是40～80厘米。因此，在修剪上通过适度短截，促成生长一定数量的长枝，可有效提高榛子的产量。

图2-24　重短截前

图2-25　重短截后

图2-26　疏枝前

图2-27　疏枝后

（七）病虫害防治

1. 煤污病

榛树煤污病是因蚜虫刺吸为害后复生暗色真菌生长于植物表面引起的次生病害（图2-28、图2-29）。煤污病病菌以菌丝体、分生孢子、子囊孢子的形式在病部及病落叶上越冬，翌年孢子由风雨、昆虫等传播，影响光合作用。高温多湿、通风不良、蚜虫、介壳虫等分泌蜜露害虫发生多，均加重发病。因此，煤污病的防治时期为春季和蚜虫发生季节。在早春，于榛树休眠期喷3～5波美度的石硫合剂，消灭越冬病源。喷施石硫合剂的最适时间为花前15天，接下来施用其他药物与石硫合剂

图2-28　煤污病树

图2-29　煤污病叶

间隔期为20天，否则容易产生药害。此外该病的发生与分泌蜜露的昆虫关系密切，喷药防治蚜虫、介壳虫等也是减少发病的主要措施。适期喷施1.8%阿维菌素（虫螨克）3000～5000倍液、10%吡虫啉可湿粉2000倍液防治。防治介壳虫还可用10～20倍松脂合剂、石油乳剂、杀扑磷等。

2. 朝鲜球坚蚧

朝鲜球坚蚧一年发生1代，以2龄若虫在小枝上越冬（图2-30）。第2年3月的上、中旬开始活动，从蜕下的蜡质外壳中爬出，另找固着地，群居在枝条上为害，以口器刺进树枝吸食汁液。不久便逐步分化为雌性、雄性。雌性若虫于3月下旬又蜕皮1次，体背逐步膨大成球形。雄性若虫于4月上旬排泄白色蜡质构成介壳，再蜕皮化蛹，4月中旬开始羽化为成虫。

4月下旬到5月上旬雄成虫羽化并与雌成虫交配，交配后的雌虫虫体膨大，逐步硬化。5月上旬开始产卵，卵期7天。5月中旬为若虫孵化盛期，初孵化幼虫匍匐1～2天，寻找恰当地方固着，以枝条裂缝处和

图2-30　球坚蚧若虫

枝条基部叶痕中为多，固定后，身体长大，两边排泄白色蜡质物，掩盖虫体背面。6月中旬后蜡丝逐步消融成为白色蜡层，包在虫体四周，此时发育缓慢，雌雄难分。越冬前蜕皮1次，蜕皮包于2龄若虫体下，到10月份，随之进入越冬。

冬春季节结合冬剪，剪除有虫枝条并集中烧毁，若枝条上雌虫蜡壳分布过多，可在3月下旬或4月用硬毛刷刷破蜡壳，或用刀铲除蜡壳。化学防治可在发芽前结合防治其他病虫，先喷1次5波美度石硫合剂，越冬幼虫自蜡壳爬出40%左右并转移时，再喷1次2.5%溴氰菊酯乳油1500～2000倍液等，喷药最迟在雌虫蜡质壳变硬前进行。

二、榛园夏季管理技术（4月中旬～8月中旬）

榛树是先开花后展叶，在熊岳地区，4月中旬榛芽开始膨大开绽，此时气温稳定在10℃左右。芽萌发后，开始展叶（图2-31），随之进入新梢生长期，此期一切栽培管理措施目的都是以促进新梢迅速生长，快速形成合理叶幕为主。到了5月下旬，新梢生长到一定阶段，展叶7片左右，就在新梢顶端抽生果序（图2-32），开始进入果实发育期，果苞开始膨大（图2-33），部分枝端出现红色新梢生长点（图2-34）。果实发育要经历果实迅速生长期（图2-35）、硬核期、成熟期，时间总计约90天。果实发育过程中会出现落果现象，落果集中在两个时期：第一次在

图2-31　展叶（4月17日）

图2-32　抽生果序（5月12日）

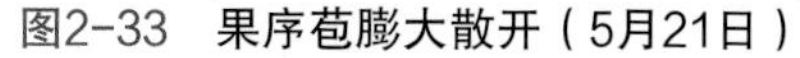

图2-33　**果序苞膨大散开（5月21日）**

图2-34　**红色新梢生长点（6月15日）**

6月中旬，正值新梢旺盛生长期和果实迅速膨大期，需要大量的水分和营养物质，此时如遇干旱或营养不足势必引起落果。同时，由于卷叶虫钻入木质化的果实基部为害幼果，也会引起幼果枯萎而脱落。第二次是7月下旬到8月上旬，称为生理落果，此时为果仁迅速发育期，结实多和营养不足都容易引起落果。因此，夏季榛树管理的一切操作都集中在以促进果实发育为主。

在榛树果实膨大时，花芽分化也在进行。品种不同，花芽分化时间不同，多数在5月下旬开始进入分化，6月中旬开始进入花芽形态分化期（图2-36），7月份雄蕊形态分化逐渐完成（图2-37），9月份变为黄色。

图2-35　**果实膨大期（6月18日）**

图2-36　**雌花形态分化中（7月6日）**

雌蕊形态分化时间较长，一般从7月份持续到11月份。

一般8月中下旬是果实集中成熟期（图2-38）。

图2-37 雄花序形态分化完成（7月20日）

（一）施肥灌水

4月初新梢萌芽前施肥一次，15天后，也就是4月中旬，结合树体萌芽情况，可再次追肥一次。施肥种类仍以氮肥为主。幼树追肥量50～100克/株；6年生以上榛树施肥量100～200克/株；8年生以上每株施肥300克。6月中旬，果实进入迅速膨大期，此期施肥方式可以采用环状沟施、放射状沟施、肥水一体等。

图2-38 果苞黄绕，果实成熟（8月18日）

环状沟施特别适用于幼树施肥，方法为在树冠外沿20～30厘米处挖宽20～30厘米、深15～20厘米的环状沟，进行施肥（图2-39）。还可以沿幼树行，开条状沟施肥（图2-40）。对成树，同样可以开条状沟施肥，要沿树冠外围开沟（图2-41）。成树还可以开放射状沟施肥：从距干50厘米处开始挖成放射沟，内膛沟窄些、浅些（约10厘米深、20厘米宽），冠边缘处宽些、深些（约20厘米深、30厘米宽），每株4～6条放射沟，依树体大小而定。

图2-39 环状追肥

此期追肥要以高钾复合肥为主。有条件的情况下，可采用肥水一体化施肥。肥水一体是采用滴灌、喷灌等节水灌溉设备，进行水肥一体

图2-40　夏季条状沟追肥

图2-41　在树冠外围开施肥灌水沟

同时施用。施肥量的确定要以树势和树龄为主：树势较弱的，施肥量要大些；随树龄增大，施肥量逐年增加。

（二）土壤管理

榛园土壤管理有清耕、免耕、果园覆盖、果园生草及果园间作等方式。

清耕指在榛树生长季节内，对果园土壤进行浅耕，保持无杂草状态（图2-42）。一般每年进行4～6次，最好在雨后或灌水后表土不黏时进行。园区长期采用清耕土壤管理方法，会导致土壤有机质迅速消耗及土壤结构严重受损，降低土壤肥力。

免耕指不加耕作，利用化学除草剂除草的土壤管理方法。这是一种省工高效的土壤管理方法，但相关报道表明：土壤中长期喷施化学除草剂，不但会造成土壤结构破坏，土壤有效肥力下降，严重时还会危害农田及人身健康，这使得化学除草剂的使用大大受限。

果园覆盖是指在单株树盘上或果树行内或整个果园地面上覆盖各类材料（图2-43～图2-45），如秸秆、干草、腐殖质、无机地膜或种植覆盖物等，以达到保水保肥、壮树增产的目的。能减少水土流失，改善土壤

图2-42　行间清耕

图2-43　单株地膜覆盖

图2-44　行内地膜覆盖

图2-45　地布覆盖

结构，提高土壤肥力。覆盖法的缺点在于易使果树根系上浮，若去除覆盖物，表层土壤温度和水分变化，常对榛树生长不利，因此应坚持长期覆盖，不应间断。

目前，果园生草是果园土壤可持续耕作的主要管理模式。在树盘外，榛树行间播种禾本科、豆科等草种，在生长季采取割刈、翻压等措施，可有效调整土壤的结构及其理化特性，提高榛树对钾、磷的吸收，提升果树产量和品质。果园生草可选择的草种类型较多。白三叶草、多年生黑麦草、紫花苜蓿可在春季播种，当地气温稳定在5℃以上时就可播种。鼠茅草（图2-46、图2-47）越冬性较强，秋季播种，成坪好。从果园省工及与果树坐果错期生长角度综合考虑，鼠茅草是目前我国北方果园优选草种。鼠茅草与其他草种相比，明显具备极强的抑制杂草、省工且不与果树争肥的特性。鼠茅草株高50cm左右时开始自然倒伏，无需割刈；并且于6月下旬（此期正是各类果树果实膨大期）产生种子后死亡，不与果树生长争肥。倒伏在果园中的鼠茅死亡植株，在8月中旬前会抑制其他杂草的生长，整个夏季不需要割草。草种落地后在9月初果实采收后重新萌芽生长；至11月份，鼠茅草长至10cm左右，准备越

图2-46　种植鼠茅草

图2-47　苗区间作鼠茅草

冬；第二年3月份，浇过返青水后，鼠茅草旺盛生长，抑制其他杂草萌芽。生草前期要注意加大肥水供应，避免在生草初期与果树争夺营养。

另外，果园自然生草（图2-48）是山地果园常采用的果园土壤管理模式，去除不适宜生草的种类后，于生长期定期割刈即可（图2-49）。

图2-48　**自然生草**

图2-49　**割草机割刈**

果园间作也是幼龄榛园常采用的土壤管理模式。在幼龄榛园，行间可以间作白菜、豆类、甘薯、马铃薯、花生等矮秆作物（图2-50～图2-53）。但为避免与榛树争肥水，间作物要与榛树树盘外缘保持20～30厘米距离。如此间作，不仅可以改善小气候，有利于幼树生长，还可提高土地

图2-50　榛园间作菜类

图2-51　榛园间作豆类

图2-52　榛园间作谷类

图2-53　榛园间作松类

利用率，增加收入。

（三）除萌蘖

除萌蘖主要是将榛树不利用的萌生枝（图2-54）铲除。除萌蘖能调节树冠密度，保持树冠通风透光，减少水分和营养物质的消耗，促进榛树主枝的生长，有利于花芽形成和坚果的发育，是榛林管理不可缺少的工序。在生长季节，要集中铲除3～5次萌蘖，4月底5月初萌蘖刚发生时就要铲除1次（图2-55），平时可随时发现、随时铲除。铲除萌蘖要彻底（图2-56），不能留高茬（留茬后更容易萌发新的萌蘖）。铲除萌蘖后可使养分集中供应到树冠上，促进成花结果。

图2-54 榛树下萌生枝

图2-55 人工剪除萌蘖

图2-56 彻底除去萌蘖

（四）幼树主枝牙签开角

对榛树幼树主干上的主枝适时开角，可促进中心干延长枝顶端优势的发挥，抑制主枝延长枝生长过旺。在幼树树高1.2米左右时，一般在6月中下旬，要及时对中心干角度不开张的新梢（图2-57）进行开角。一般中心干新梢长至30～40厘米，新梢粗度在0.3厘米左右较好。枝条过粗，半木质化程度高，开角同时，新梢容易折断；过细，新梢幼嫩，木质化程度较低，牙签较难在新梢上找到固定点。进行牙

图2-57　生长直立的榛树新梢

图2-58　牙签将新梢角度开张

签开角的操作时，左手扶住中心干，用大拇指将新梢轻轻压下，右手持牙签，先将牙签一端扎入中心干韧皮部，再将另一端扎入新梢韧皮部，使新梢与中心干间夹角变大（图2-58）。

（五）病虫害防治

夏季是榛树病虫害发生集中的季节，要及时防治。

1. 白粉病

分布于全国各地，为害平榛、平欧杂种榛、毛榛，以平榛受害最重。白粉病主要为害叶片（图2-59），也可侵染嫩梢、幼芽和果苞（图2-60）。叶片发病初期，叶面上、下先出现不明显的黄斑，不久黄斑处生出白粉，以后许多连成片。病斑背面褪绿，致使叶片变黄，扭曲

图2-59　白粉病为害榛树叶片

图2-60　白粉病为害榛树果实

变形，枯焦，导致早期落叶。嫩芽严重受害时不能展叶。枝梢受害时，病斑处也生出白粉，皮层粗糙龟裂、枝条木质化延迟，生长衰弱，易受冻害。在辽宁北部地区，6月中旬开始发病，7月中旬发病严重。该病的发生，通常与温湿度、植株生长状态有关。多数情况下，气候干旱不利于病害发生，而植株生长衰弱、种植过密则有利于发病。

防治方法如下。

①发病严重的榛园中结合清园，可以清除、烧毁病叶并喷施清园剂。

②5月上旬，喷洒20%的三唑酮乳油800倍液或用醚菌酯30%可湿性粉剂制剂量30～40克（有效成分9～12克）兑水喷雾，每隔7～14天用1次（见附录4常用农药分类、剂型、稀释与配制）。

③发现病株应及时消除病枝、病叶。如果是中心株，则应将其全部砍掉，减少病源。

2. 褐苞病

症状：此病主要为害果苞和叶片。发病初期，果苞和叶片边缘出现淡褐色斑点，然后逐渐向四周扩散（图2-61），直至整个果苞（图2-62）、果柄和叶片，致使榛果变黑脱落，叶片焦枯，早期落叶。发生时间为6月下旬至8月中旬。

防治方法：于6月末至7月上中旬向榛树上喷施3000倍液的48%唑醚-戊唑醇1～2次。

图2-61　褐苞病蔓延至果实

图2-62　褐苞病蔓延至整个果苞

3. 榛黄达瘿蚊

此虫在辽宁、吉林、黑龙江、内蒙古、河北东部、山东东部有分布，其中以辽宁省的榛林受害较重。在辽宁省境内又以铁岭市的榛林受害最重。此虫以幼虫（图2-63）为害平榛、毛榛和平欧杂交榛的幼果、嫩叶（图2-64）、新梢，幼果果苞被害后会脱落。

防治方法如下。

①化学防治4月末至5月中旬。用80%敌敌畏乳油50 ～ 100倍液浸泡棉球（直径4cm大小）和玉米棒（3 ～ 5厘米），按1米×1米、2米×2米、3米×3米的间隔撒在榛园地表，也可挂于植株枝干的中部，均可收到降低虫口密度，达到防治目的。玉米棒的泡制技巧为：1斤敌敌畏，加10斤水稀释，加适量柴油，置于喷壶里。塑料布上面铺一层玉米棒，用喷壶喷透，再铺一层，再喷，然后装在塑料口袋里密封24小时，之后扔到榛子地中。5月上中旬喷施5%甲氨基阿维菌素苯甲酸盐1500 ～ 2000倍液，或2.5%高效氯氰菊酯2000 ～ 3000倍液可收到90%以上的防治效果。5月中旬至6月中旬，应用内吸剂防治。

②人工防治：在幼虫期5月中旬至6月中旬人工摘除。

③生物防治：保护和利用寄生蜂。

4. 榛卷叶象甲

榛卷叶象甲以幼虫和成虫为害榛树叶片。成虫（图2-65）取食植株

图2-63　榛黄达瘿蚊幼虫

图2-64　榛黄达瘿蚊为害叶片

中上部及梢部的叶片，被害叶片呈孔洞，受害严重的叶片孔洞连成片后呈网状（图2-66），有的咬断叶柄；幼虫在卷褶的叶包内为害。

防治方法：在成虫期即5月中旬至6月中旬，定期向叶片上喷施内吸剂。于6月上旬至8月下旬，人工摘除树上虫包，集中消灭卵、幼虫和蛹。

图2-65 卷叶象甲成虫

图2-66 卷叶象甲为害叶片

5. 榛实象甲

此虫2年一代，历经3个年度，以幼虫和成虫在榛林的土壤中越冬。在土中越冬的成虫（图2-67），在翌年5月上旬、平均气温14℃左右、榛树开始展叶时出土在枯枝落叶层内活动。5月中旬，平均气温16℃时，成虫在树冠上活动，并开始取食补充营养，最早发现于5月12日。5月下旬成虫上树补充营养进入盛期。成虫补充营养历期21～34天。6月中、下旬，气温稳定在23℃左右时，榛子幼果开始发育期，成虫开始交尾、产卵，7月上、中旬进入产卵盛期。卵期9～14天。7月上旬卵开始孵化，7月下旬进入孵化盛期，9月上旬孵化终止。幼虫（图2-68）在榛果内取食一个月左右（图2-69）。8月上旬老熟幼虫随榛果坠到地面，脱果后钻入土中20～30厘米处筑土室并在其内越冬。8月中旬为入土盛期。第三年7月上旬开始化蛹，7月下旬进入化蛹盛期，终止于9月上旬。蛹期10～15

图2-67 榛实象甲成虫

图2-68　榛实象甲幼虫

图2-69　幼虫为害果苞

天。7月中旬新一代成虫开始羽化，8月上、中旬为羽化盛期。新羽化的成虫当年不出土，即在原地越冬，待第二年春季开始出土活动。

防治方法如下。

①在成虫活动盛期，即每年的5月上旬至6月上旬喷洒菊酯类药和熏蒸类药剂，或采用烟剂熏蒸防治成虫。

②人工捡除落地虫果，集中消灭老熟幼虫。

6. 六齿小蠹虫

分布于黑龙江、吉林、辽宁等地。六齿小蠹一年产生1代，以成虫（图2-70）在树干上蛀孔（图2-71）内越冬。翌年5月上旬开始活动，生活史不整齐，5～8月随时可见成虫迁飞和入侵。雌虫产卵量每头约30粒，卵期5～12天；幼虫期20～23天，蛹期7～9天，发育速度因温度不同而有差异。新成虫于7月初开始羽化，羽化的成虫即在原有坑道或蛹室四周取食（图2-72、图2-73），补充营养，并于9月中下旬进入越冬状态。

药剂防治要抓住成虫开始活动的时期——5月中下旬。可以使用精攻夫（23%高效氯氟氰菊酯）1500～2000倍液+5%阿维菌素1500倍液或者480g/L毒死蜱500倍液防治成虫；20%氰戊菊酯1000倍液+5%阿维菌素1500倍液或480g/L毒死蜱500倍液。建议根据虫口密度大小，连续2～3次处理，药剂交替使用。物理方法：诱饵法——以衰弱树枝做诱饵，待新的孔道大量出现而幼虫尚未化蛹时，将饵木集中烧毁或剥

图2-70　六齿小蠹虫成虫

图2-71　六齿小蠹虫在树干上蛀的孔

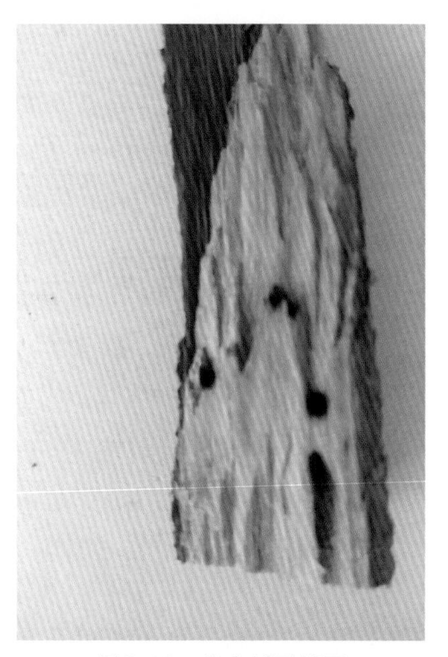

图2-72　为害树干剖面

图2-73　为害树干横切面

皮喷药处理，杀灭幼虫。

7. 大青叶蝉

图2-74　大青叶蝉危害枝条

大青叶蝉属同翅目叶蝉科，又名青叶跳蝉、大青浮尘子。大青叶蝉1年发生3代，以卵在树干、枝条表皮下越冬。翌年4月孵化，若虫到杂草及蔬菜等多种植物上群集为害，5～6月第1代成虫出现，7～8月第2代成虫出现，9～11月出现第3代成虫，10月中旬成虫开始迁移到果树上产卵，10月下旬为产卵盛期，并以卵态越冬。成虫、若虫喜栖息在潮湿窝风处，有较强的趋光性，并常群集在嫩绿的寄主植物上为害。若虫共5龄，为期1个月左右。每雌虫产卵30～70粒。夏、秋季卵期9～15天，越冬卵期则长达5个月。成虫于秋末将卵产在幼树枝干的皮层内（图2-74），产卵前先用产卵管割开寄主的表皮，外观呈现月牙形，然后在内产一排卵，使幼树大量失水，导致枝干枯死，严重时可全株死亡。

防治方法：在秋季采收后和春季萌芽前，用3～5波美度石硫合剂清园，在成虫产卵前对树体涂白，加入少量杀虫剂，可有效减轻虫害发生。成虫在树干产卵后用木棍擀树干表面，压死虫卵。成虫发生期可用黑光灯诱杀成虫。在7月下旬至9月下旬成虫产卵前进行防治，可采用毒死蜱800～1000倍液或高效氯氰菊酯+吡虫啉1000～1500倍液等进行喷杀，以2～3次为宜，每次间隔7～10天。

8. 金龟子

金龟子类为害榛树的主要是朝鲜黑绒金龟子、暗黑金龟子、豆蓝金龟子（图2-75）、铜绿金龟子（图2-76）等。

金龟子类主要为害榛树的叶子，其成虫可将叶子的局部或全部吃掉。

金龟子类均为一年发生1代，以成虫或老熟幼虫于土中越冬，只是其出土时期、为害盛期略有差异。苹毛丽金龟子和东方金龟子的成虫均

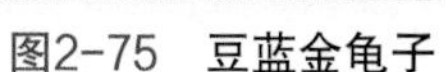

图2-75 **豆蓝金龟子**

图2-76 **铜绿金龟子**

在4月中旬出土，4月下旬至5月上旬为出土高峰，成虫为害榛叶。一般多为白天为害，日落则钻入土中或树下过夜；当气温升高时成虫活动增多，则傍晚也出来为害。金龟子类成虫均有假死习性。铜绿金龟子除具有上述习性外，还具有较强的趋光性，喜欢在豆科植物的地里产卵，成虫为害盛期是7月上旬。

防治方法如下。

①人工捕杀：在成虫大量发生期。利用其假死习性予以捕杀。即在早晨或傍晚时人工振动树枝、枝干，把落到地上的成虫集中起来，进行人工捕杀。或者先在树下撒布30%甲胺磷粉，然后振动树枝，使其落地触药毒杀。

②诱杀：成虫（铜绿金龟子）大发生时，利用其趋光性，架设黑光灯诱杀成虫。

③药物防治：成虫于春季出土为害榛树，喷洒砒酸铅200倍液，并加黏着剂进行防治。大发生时可喷洒50%的乐果乳剂500倍液或40%的乐果乳剂800～1000倍液防治。

金龟子的幼虫是蛴螬（图2-77），为害植株根部（图2-78）。3～4月，每亩地用蛴螬专用型白僵菌、绿僵菌杀虫剂1.5～2千克，与

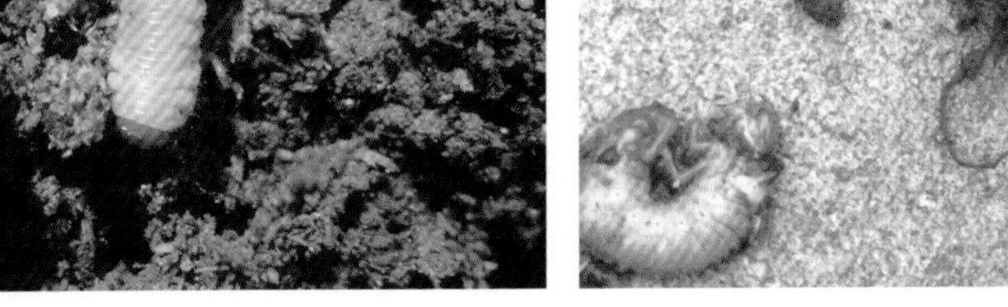

图2-77 蛴螬

图2-78 蛴螬为害根部

15～20千克细土拌匀，在作物根部土表开沟施药并盖土，或顺垄条施。也可每公顷用敌敌畏3千克，化水拌火粪均匀地撒在树冠下面，结合中耕除草翻入土中，毒杀幼虫。

其他榛园常见病虫害见附录5。

三、榛园秋季管理技术（8月中旬～11月初）

（一）果实采收

1. 采收时期

榛子成熟的时期与种类、品种、品系生长的气候特点等均有密切关系。榛树在东北地区的成熟时期在8月中旬至9月上旬。不同品种，不同区域小气候，甚至同一株丛内不同位置，成熟时间都各有不同。如树冠外围及顶部果实首先成熟，下部及内膛的则成熟晚。因此分期采收较为合理。

榛子必须充分成熟才能采收。过早采收种仁不饱满不充实，晾干后易形成瘪仁，降低其产量和质量。反之采收过迟，果实则自行脱苞落地，若收集不及时，易造成果实外观变色，影响其质量。榛子适时采收的标志是：果苞和果顶由白变黄，果苞基部有一圈变成黄色，俗称“黄

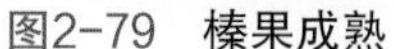

图2-79　榛果成熟

图2-80　果苞落地

绕”（见图2-38、图2-79）。此时果苞内果实用手一触即可脱苞，为适宜采收期。一般同一榛园采收期持续7～10天。

2. 采收技术

（1）人工采收　榛树较矮，采收方便。采收时可连同果苞一同采下。若等待果实脱苞落地（图2-80），再集中拣拾，应该先清理园地。在采收季节可以每天拣果一次。或者采用振动大枝的办法，使榛果落地，再收集起来。

（2）机械采收　机械化采收榛果适于大面积种植的榛园。目前在国外，如意大利、美国的先进农场，均采用机械化采收。机械采收可大大节约人力，提高工作效率，降低成本，所采收的榛子成熟度好，质量高。例如，意大利最先进的CIMINA300型自走式采收机，一人操作，8小时可采收2公顷的榛园。这种采收机还可采收栗子、核桃和扁桃。其机械化采收工作程序如下。

①采收前的准备　在榛子收获期之前做好田间准备工作。在榛子的株行间清除杂物，用拖拉机带动整平除草机割掉杂草，压平土地，准备榛子成熟自然落地。

②清扫　用拖拉机带动两个圆形清扫盘旋转清扫，将掉下的果实连同果苞、树叶扫成一堆或一行，放在行间，然后用机械进行收获。

③采收　榛子采收机采用吸气的原理，将落地果实、果苞用一条直

图2-81 大型采收机

图2-82 背负式采收机

径25～30厘米的管子吸进机器内，然后将果实与枝叶、果苞及土块分离。过去的采收机是用拖拉机带动采收机行走采收。现在最新设计的CIMINA300型（图2-81）自带发动机，自己行走，工作效率高。在榛子成熟季节，一般集中采收2次可完成全部过程。也可以由工人操作背负式采收机收集地上的果实（图2-82）。

（二）采收后处理

1. 脱苞

采收后可直接手工脱苞（图2-83）。或采用堆置后脱苞的方式：将采下来的带苞果实堆置起来，使果苞后熟后与榛果结合部产生离层，果苞易脱落。堆积带苞榛子厚度为40～50厘米，上面覆盖草帘或其他覆盖物，堆积时间1～2天。在堆积过程中注意检查堆内温度、湿度。温、湿度过高会使榛子霉变，果壳色泽过深，失去光泽，严重时榛仁不能食用，应特别注意。堆积后用木棒敲击即可脱苞，也可采用手工脱苞（图2-84）。

2. 榛子脱苞机

利用脱苞机脱苞效率较高，但榛果外观质量不如手工脱苞的好。把采收后的榛子从投料口投入脱苞机给榛子脱苞（图2-85）。由于榛子粒径大小不一，脱苞时有的不能一次脱掉，要经过反复操作直至脱掉为止。榛子过早采摘或含水量过大（超过20%），直接脱苞会造成榛壳有划痕或榛子表面不干净。

图2-83 采收后立即手工脱苞

图2-84 果苞堆积后脱苞

图2-85 机器脱苞

榛子脱苞机具有多款型号和电动、燃油两种动力组合，用户可根据实际需要进行选择。

3. 果实分选

（1）普通分选（原始分选） 已脱苞的榛子，可以采用普通分选机（图2-86）进行等级分选。分选机的功能是将榛子原料，按粒径大小不同将其分开，同时，去除其他杂质。普通分选机加工量为600千克/小时。分选为进一步脱壳、炒制等做好准备。

（2）光、色分选 索特克斯光电色选机（图2-87）覆盖了多类果品的光谱，可精确分离，分离效率高。此项技术让用户对疵点和异色进行二次识阈设定，色选更灵活，效果更精确。根据物料的平均颜色，色选机在剔除之前就明确区分出接受物和剔除物，以达到剔除最细微的异色物质的目的。通过此机器，可安全去除榛子果实中掺杂的果壳、果皮、杂志、树枝、石子、发霉果实等各类异物。

图2-86 普通分选机

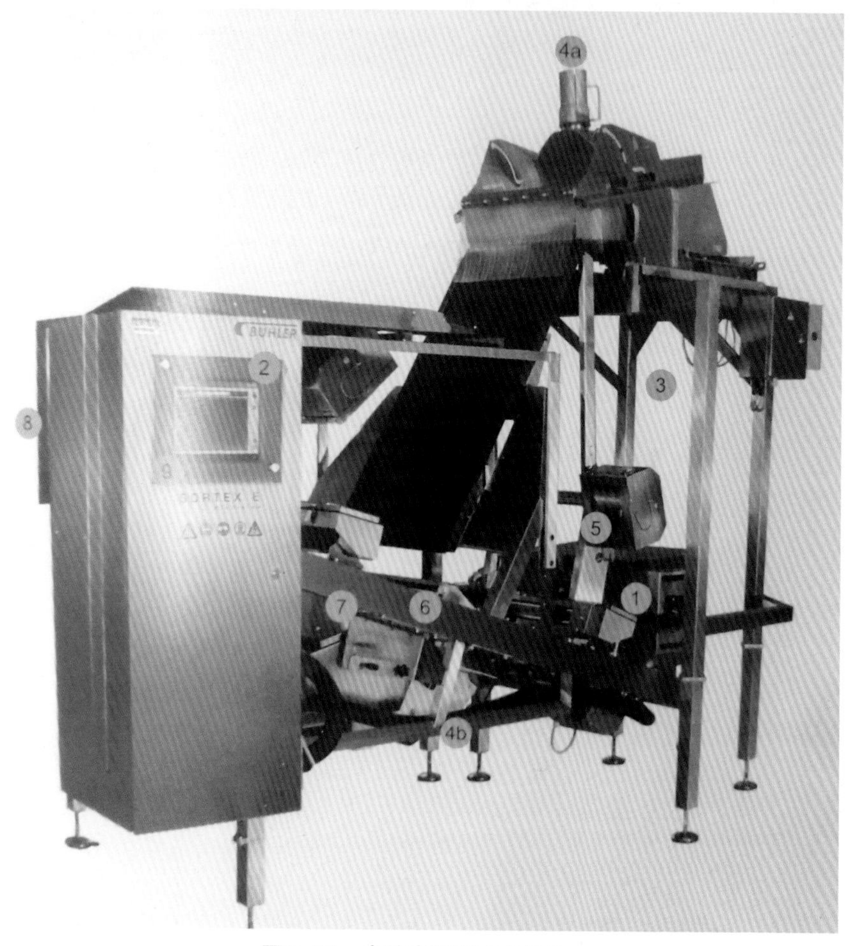

图2-87　索特克斯光电色选机

4. 干燥

新采收榛果含水量较高，不宜立即贮藏，应该通风干燥一段时间，待含水量降到7%以下后贮藏。可搭一个干燥棚，用木板和苇席搭成铺面，离地面高70～80厘米，铺面宽度以便于翻动操作为宜。其上用苇席遮阳使之既通风，又避暴晒。把榛子平摊在铺面的苇席上，其厚度不超过5厘米，每日翻动1～2次。在气温18～22℃的条件下，经过6～8天晾晒，榛子含水量可降至4%～7%，即可以贮藏。在晾晒过程中如遇到阴雨天，应移至室内干燥。

5. 贮藏

（1）贮藏条件　榛子含水量极少，干燥后含水率4% ～ 7%，较耐贮藏。但是榛仁对温、湿度反应敏感。贮藏期间，气温超过20℃或长期见光会加速脂肪转化而产生“哈喇味”，不能食用；湿度过大（空气相对湿度达75%以上）会使果实发霉。因此贮藏榛子的条件是低温、低氧、干燥、避光。适宜的条件是气温在15℃以下，空气相对湿度60%以下，仓库内光线较暗，榛果可以贮藏1年不变质。

（2）贮藏方法

①普通仓库贮藏：按前述要求，干燥后的榛子方可入库。包装以麻袋、金属丝篮、网兜等容器均可。为了延长贮藏期，可用牛皮纸袋包装，每袋10千克，袋口封严。仓库要清洁、干燥、通风。

仓库内可以用麻袋码垛存放，既减少占地面积，又便于清点搬运。这种存放方法不能紧贴地面，不能靠墙，码垛底部及四周要留出通风空间。贮藏期间要经常检查是否有漏雨、水浸、虫害、鼠害等情况发生。而且仓库内要经常通风、保持清洁。

②二氧化碳密闭贮藏：此方法是为了防止夏季高温高湿引起榛仁变质而采取的措施。即在码垛之前，先在地面铺层塑料布，码垛之后在其上面罩一层塑料罩。将上下塑料布的边缘重叠在一起，用沙土压紧以防漏气。然后由底部充入二氧化碳气体，并注意防止漏气。同时尽量避免外界高温影响库内温度。

（三）榛子加工及加工设备

1. 榛果炒制

采用炒榛子机对榛子进行炒制。炒榛子机可选用煤炭、电力、燃气为热源，锅的型号不同，从炒几十千克到最多225千克。要根据加工数量合理选择不同型号的炒榛子机。榛子投入数量不能少于该型号炒榛子机标定数量的10%，否则炒制效果不好。

具体操作步骤为：把炒榛子机加热至100℃左右，将大粒砂（直径4厘米以上）投入炒榛子机内（投入数量根据炒榛子机大小和要炒榛子的数量而定），一般大粒砂占榛子的比例为20%，原则是宜多不宜少，待炒榛子机加热至140 ～ 150℃时，将经过分选和干燥后的榛子干果（含水量最好不超过20%）按炒榛子机容量大小投入炒榛子机内进行翻炒。炒制时间根据榛子含水量和品质而定，要逐渐升温，同时要不断取样品看榛仁的红心程度，见到有榛仁红心即加白砂糖。当榛仁红心接近50%时，即表示榛子快要熟了，这时温度升至210℃左右，要马上出锅，否则就糊了。若提前出锅则榛子不熟。将出锅后的榛子放在筛子上简短晾晒，人工把炒制过程中自然开口的榛子挑出准备单独出售，其余放入冷水中浸泡约5分钟后捞出，放在筛子上直至晾干。这时榛子会自然发出开口的响声，野生平榛开口比较好，但在包装过程中要轻拿轻放，否则壳仁会分离，长途运输也会造成壳仁分离。平欧杂种榛晾干后开口会自动合并，有利于运输和保存，但平欧杂种榛用这种方法开口的前提条件是榛子仁要饱满，含水量不能太高。也可用人工或半自动小型开口机开口，但破损率和人工成本高，也难以形成产业化。

实现大型产业化加工也可选用大型电磁加热炒货机，但设备造价和加工成本都很高。

2. 果仁的加工

（1）果实脱壳　对榛子进行脱壳处理，可采用脱壳机。

①小型榛子脱壳机　小型榛子脱壳机（图2-88），动力电源220伏（外型尺寸86厘米×51厘米×41厘米）。它的功能是将分选后的榛子进行脱壳，使榛子仁和榛子壳完全分离。具有脱壳速度快、榛仁完整率高和劳动强度低等特点，是目前实验室、农贸（坚果）市场、榛子园及个体榛农首选的榛子脱壳设备。

图2-88　小型脱壳机（铁岭三能科技有限公司）

②大型脱壳机　它的功能是将分选后的榛子进行脱壳，使榛子仁和榛子壳完全分离。具有脱壳速度快、榛仁完整率高和劳动强度低等特点，是目前榛子加工企业首选的榛子脱壳设备（图2-89）。

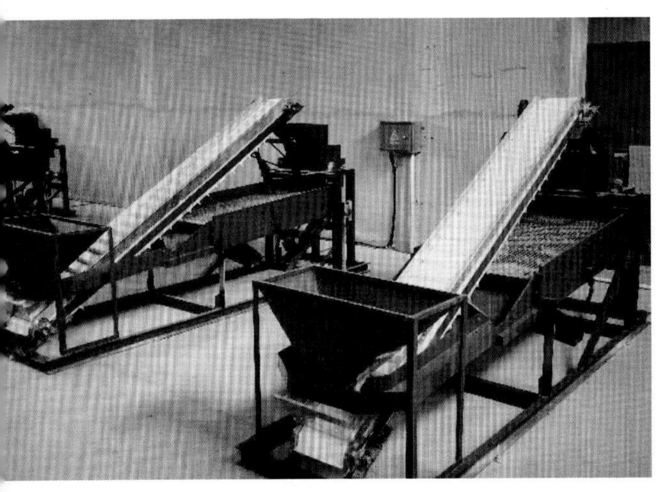

图2-89　大型脱壳机（铁岭三能科技有限公司）

图2-90　榛仁风选机（铁岭三能科技有限公司）

（2）风选　榛仁风选机（图2-90）是榛子脱壳后进一步分离榛子仁和榛子壳的主要设备。它的功能是将脱壳后的榛子仁和较大的榛子壳进行再分离，吹出尘土和破碎的杂质，降低手工挑选的劳动强度。榛仁风选机加工量为600千克/小时。风选后的榛仁中仍存有少量的榛壳或杂质，要由人工挑选。

（3）榨油　榛子除了炒制后直接食用，还可以用来榨油。榛子油压榨机组（图2-91）是榨油的专用设备，在加工车间温度15℃以上且榛仁籽粒饱满的基础上，榛子榨油机组加工量（榛子仁）为30千克/（小时·台）。

首次装料时，将原料装袋并分层均匀置于料筒内，装满后（每次务必装满）盖好压板，将料筒旋转至主油缸位置，并使料筒中心与主油缸活塞中心对正，将弓片放在副油缸活塞头与空油缸之间，升副油缸，使两个料筒上升并与上横梁平齐。压榨开始后，要再次检查油缸是否对正，无误后，旋动转换开关到"主油缸升"位置，主油缸缓慢上升，油压上升至约17兆帕，开始压榨。此时电节点压力表自动控制压榨过程并使油压始终保持在17～20兆帕之间。保压一段时间后，将转换开关旋向"主油缸降"的位置，主油缸活塞开始下降，活塞降到最低点后将旋钮开关拨到"停止"，将料筒旋转180°，放入弓片升副油缸使与上横梁平齐（在主油缸压榨的同时，另一个料筒可以装料或卸料），再次升

图2-91　榛油压榨机（铁岭三能科技有限公司）

起主油缸进行下一次压榨，同时副油缸出料。

（四）土肥水管理技术

秋施基肥是果园秋季管理的必需步骤。增施有机肥料可提高土壤孔隙度，疏松土壤，加速土肥融合，改善土壤中水、肥、气、热状况，有利于微生物活动，促进花芽分化，提高花芽质量，增强树体的越冬性，还有利于榛园保墒、提高地温、防止根际冻伤。一般秋施基肥最佳时间是秋季果实采集后一周内。早秋施基肥，有机物腐烂分解时间较长，第二年春天可及时供根系吸收利用。施入有机肥料，以粪肥、堆肥、绿肥为主，各类有机肥料营养元素见附录6，同时加入适量的氮、磷、钾复合肥。如果秋季来不及施基肥，第二年春萌芽前也可春施。但是春施基肥，肥效发挥较慢，常不能满足榛树早春生长的需要。

施基肥常采用的方法主要有以下几种。

（1）环状沟施肥法　在树冠外围枝垂直投影处挖环状沟，沟宽30～40厘米，沟深30厘米（5年生内幼树）或35～40厘米（6年生以上树）。沟内沿在树冠投影内，但不宜离株丛过近，以免伤根。然后施入有机肥料，并与土拌匀，施肥后灌水。带状栽植的榛园，绿肥主要用于灌丛覆盖，待绿肥腐烂后，增加土壤有机质。

图2-92　沟内施入腐熟有机肥

（2）条沟施肥　成龄树在带的两侧开沟施肥，在树冠投影的外缘相对应两侧，挖宽40厘米，深40厘米的平行沟（图2-92），沟的长度随树龄大小及树冠的大小而变化。第二年施肥挖沟的位置应换到另外两侧。此法也可用于幼树及密植园，适于施基肥。

（3）穴施　在树冠的外缘挖6～8个穴，穴的多少根据树冠大小而定，深宽各30～40厘米，穴的分布要均匀。此法施基肥和追肥均可采用。

施肥量要根据树龄、灌丛大小、土壤肥沃程度以及肥料的种类而定：瘠薄的沙土应多施有机肥；土层深厚、腐殖质含量高的土质可适量少施。基肥施肥量：2～3年生树，每株施粪肥7～10千克；4～5年生树株，施30～40千克；6～7年生每株施有机肥50～60千克；以后随树龄和产量的增加可适当多施。

（五）修剪技术

1. 秋季拉枝

自然生长的榛子枝条直立（图2-93），容易导致树冠内部郁闭，光照不良，常形成细弱的内膛寄生枝，不能成花结果。拉枝可开张角度，缓和生长势，促进成花，且可改善内膛光照，有利于立体结果。榛树是灌木，顶端优势弱，故主枝角度不宜过大，60°～70°即可，辅养枝角度可达80°。拉枝时可依据树体情况将部分枝牵拉到有较大空间的方位，使

图2-93　拉枝前

树冠匀称。榛树枝干较脆，容易劈裂，故拉枝时要小心，先拿枝软化后再拉开，必要时需分几次将枝条拉开到所需角度。拉枝时绑缚在枝上的细绳要留有活口，防止枝干增粗后绳子勒进枝内。将主枝开角（图2-94）后，结果枝组可在主枝的两侧均匀排列，生长势缓和，容易成花结果。

图2-94　拉枝后

2. 疏枝

秋季疏枝要以轻为主，在进行拉枝时，对于过密的枝梢细弱条可以进行疏除，但疏枝量不宜过大。

四、榛园冬季管理技术（11月初～2月）

果实采收后，树体逐渐进入休眠期，多种病虫在树体上、枯枝落叶、园中杂草等场所潜伏越冬，且越冬位置相对固定。此时是杀灭病虫，有效压低越冬病虫害基数的好时机。因此，做好榛园休眠期病虫防控，对减轻来年病虫害发生程度有着事半功倍的效果。

（一）清理果园

1. 剪除病虫枝

结合冬季修剪，剪除带虫蛀、虫孔、有虫卵和长势弱、发病严重的枝条，并进行集中销毁处理，可有效减少炭疽病、卷叶蛾、白粉病等越冬病虫害。

2. 刮除粗老病皮

利用冬季榛树休眠期，刮除榛树主干分叉以下的粗皮、翘皮，可杀灭藏匿在枝干粗皮、翘皮或裂缝中的红蜘蛛、小卷叶蛾等越冬虫源。对检查出的榛树腐烂病、枝干轮纹病、干腐病等枝干病害，及时刮除病斑、病皮。刮时树下要铺设塑料膜，刮下的粗老翘皮、病皮要带出榛园，集中烧毁。

3. 处理越冬病虫源

及时将树上枯枝、病虫果、残存等杂物，以及榛园内地面上剪、刮下的枯枝落叶、粗老翘皮、病虫枝、杂草、落果废果等一切可能为病虫害提供越冬场所的物品，彻底清理出榛园，并集中烧毁，消灭藏匿其中的越冬病虫源。

（二）榛树防寒

榛树日灼、冻害和抽干是目前榛树栽培急需解决的灾害问题。冬季防寒对于预防榛树以上灾害有较大作用，下面介绍榛树防寒的主要措施。

图2-95　商品涂白剂

1. 树体涂白

在冬季，白天树干和大枝的向阳面受太阳直射，温度上升，树体吸热；而夜晚没有阳光照射，温度急剧下降，树体放热。气温的冷热骤变使树皮组织来不及适应而出现受冻和干枯的现象，称为日灼。榛子树涂白以后有利于对日光的反射，使日光直射的热量可反射出一部分，这样树体温度就不会很快上升，温度变化相对稳定，可减少或避免日灼。同时树干涂白可消灭多种在树干翘皮、裂皮内越冬的害虫。涂白剂配制的比例及方法：水10份、生石灰3份、食盐0.5份、硫黄粉0.5份。先用水溶化开生石灰，滤去渣子，再倒入已溶化的食盐，最后拌入硫黄粉。食盐起潮解作用，可防涂后干裂剥落，硫黄粉可兼杀病菌及越冬虫卵。涂白剂也可选用商用出售的成品（图2-95）。涂白宜在落叶后至土壤结冻前进行。涂白液要干稀适中，以涂刷时不流失为宜。使用时，用毛刷均匀涂抹在树干和大枝上，分叉处也要涂抹到（图2-96、图2-97）。

2. 根茎培土

新栽的榛子树前几年根系相对不太发达，抗逆性较弱，一旦发生冻害对树体影响很大。为避免或减轻冻害发生，应在入冬前在其根茎部进行培土，创造一个相对保墒、保温的小环境。具体操作：入冬前在主干的根部培土，堆土也不用过厚、过高，15～20厘米就可以（图2-98），培土面呈锥形，下表面直径最低达40厘米。注意取土时，要在树行间距榛子树根系较远的地方进行，以免弄伤根系或使根系裸露受冻。各种防寒方法可以结合施行，如灌封冻水后，进行根茎处培土（图2-99）。

图2-96　2年生幼树涂白

图2-97　5年生榛树涂白

图2-98　根茎处培土

图2-99　培土结合灌封冻水

3. 灌封冻水

进入冬季后，榛树开始休眠，树体营养开始向根部回流。在这种情况下，对榛园灌封冻水可使土壤储备足够的水分，以预防休眠期干旱，提高土壤温度，满足榛子树轻微蒸腾作用，而且还可以提高树体越冬能力，减少榛树冻害和抽条的发生。封冻水要求灌透（图2-100）。

图2-100　**灌封冻水**

第三章 榛园育苗技术

榛树的育苗，同其他果树一样，主要有播种育苗（图3-1）、扦插育苗（图3-2、图3-3）、嫁接育苗（图3-4）、分株育苗、压条育苗等方式。榛树不同的育苗方法，各有其不同的特点，在生产中的应用情况也不同。播种育苗后代易发生性状分离，不能保持原品种的特性，但生产上平

图3-1 平榛播种育苗

图3-2 扦插育苗

图3-3 扦插生根苗

图3-4 嫁接育苗

榛多采用播种育苗。分株繁殖，破坏了母株的根系，繁殖的苗木根系差，成苗率低。组织培养繁殖榛苗，在我国尚没有取得突破性进展，即使在已经组织培养成功的意大利、美国，也因为成本高，很少应用于生产。嫁接繁殖，我国用平榛作砧木，亲和性良好，但平榛为小灌木，平欧杂种榛子为大灌木，嫁接后有小脚现象，并且砧木不断地产生根蘖，生产上除根蘖很麻烦，而且嫁接植株寿命短。

在许多榛树栽培业发达的国家，如意大利和土耳其等国，生产上一直采用压条育苗，而且很成功。目前我国榛树的育苗，也以压条繁殖为主。根据母株不同，压条育苗可分为两种方式。

一种是采用定植四年后的榛树，重截选留母株进行单株压条（图3-5、图3-6）。此种方法繁育苗木前期单位面积经济效益较大，但果树上部产果、下部产苗，营养分散，生产力量不能集中，果实产量和品质较差，树体衰弱较快。许多榛园采用此法育苗，损伤了发展潜能，制约了榛子产业发展。

另一种育苗方法由辽宁省果树科学研究所研发，在生产上已开始应用。采用将果园生产与育苗截然分开的方式，引用苹果砧木的繁育方法，加快苗木繁育速度。一般3年以上的成龄苗圃每亩每年可繁育标准苗木4000～8000株。在繁苗过程中除捆

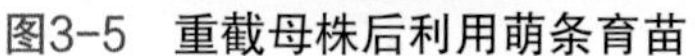

图3-5 重截母株后利用萌条育苗

图3-6 锯末围穴压条育苗

绑铁线、起苗用人工外，其余作业项目全部是机械化，如压条苗基部用动力喷雾器喷布生根剂、利用培土机培土等。此种育苗模式从根本上解决了榛树果园繁苗与产果的矛盾，榛树根系营养集中供应育苗，苗木质量大大提高。

一、育苗前管理

1. 苗圃地选择

苗圃地的选择以平地为最好（图3-7）。平地土层深厚肥沃，利于苗木繁殖，也便于管理和机械化作业，可降低管理成本。

2. 母株栽植

栽植以南北为行向，栽植株行距为1米×（1.6～2.0）米。挖定植穴深和宽为30～40厘米。挖好穴后，将腐熟的有机肥5千克与表土混合后放入穴内至穴深20厘米处，回填底土10厘米，然后斜栽植株使其与地面成45°夹角（图3-8），灌水后覆土。栽后及时根据母株的根系

图3-7　优质平地育苗园

图3-8　苗木斜栽

情况定干，干长60～70厘米。背上芽萌发后，根据长势调整主干与地面夹角，使背上萌发的新梢高度一致（前端新梢高度高于后部新梢高度就减小角度，反之增大角度）。

3. 栽植后管理

母株栽植后4月下旬、5月中旬、6月上旬各浇水1次。6月下旬，苗木容易被鳞翅目等食叶害虫侵蚀，可采用10%吡虫啉可湿性粉剂，45%乐斯本乳油，20%三唑酮乳油，配置成3000倍液喷施防治。栽植当年6月末7月初开始，每隔10天左右，对生长较高的新梢进行摘心，以利营养积累，促进母体新梢萌发。7月植株的生长情况如图3-9所示。在8月上旬，进行压条固定。选择35厘米左右长的钢筋，将其一端弯曲（图3-10），将其直端向下插没入土中，利用其弯曲部分把斜生枝条的上端压向地面，使枝条平行于地面（图3-11）。枝条各段用弯曲的铁丝（图3-12）插入土中固定。压条固定后枝条的生长状态如图3-13所示。

图3-9　7月植株生长状

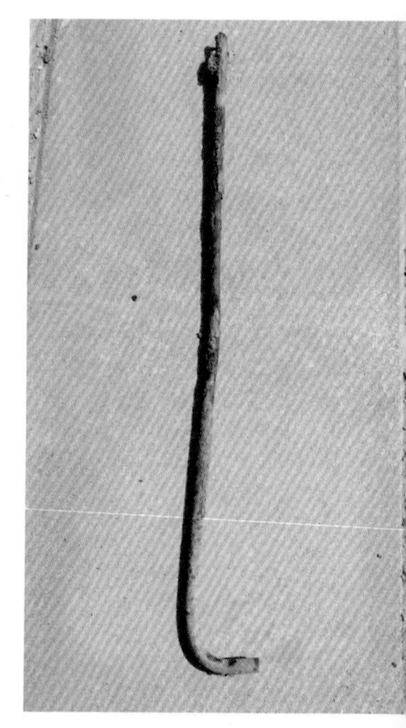

图3-10　钢筋

图3-11 8月上旬将苗木放平

图3-12 弯曲的铁丝

图3-13　固定后苗木生长状

4. 重修剪

第二年春季3月下旬对苗干上的所有1年生枝条进行重短截（图3-14），剪留高度为2厘米，保留基部1～2个芽。连年育苗的母株，在每年春季，要对起苗后残余母株上的多余根须、带根茎段等进行清除，以保证当年萌条抽生数量和质量。

图3-14　对母株上一年生枝重短截

5. 土施肥

春季，对于重修剪后母株要进行追肥，一般每亩追施硫酸钾30千克，复合肥20千克。采用开沟撒施方式即可（图3-15），施肥后充分灌水，促进萌条生长（图3-16、图3-17）。育苗前对于萌条要进行中耕除草1～2次。

图3-15　春季施入高钾复合肥

图3-16　剪口基部开始萌芽

图3-17　萌条生长

二、育苗技术

1. 压条时期

压条时期是根据萌条高度而定。榛树母株基部平茬枝条隐芽在4月中旬开始萌发，5月中旬开始快速生长，大部分萌条生长量小、细弱。随着时间的推移，6月份枝条代谢旺盛，生物活性物质含量较高，生长迅速，大部分榛萌条茎粗已达0.5厘米，长度60 ～ 70厘米，枝条处于半木质化状态，是压条最适时期。在熊岳地区，压条最适时间为6月1日左右。

另外，生产上可采取相应的管理技术措施促进萌蘖苗发育，如在母株树液萌动期至萌芽前，结合浇催芽水的同时施用速效性氮肥1次，提高母株营养生长速度，促进早发芽，早产生萌蘖苗，缩短萌蘖苗的前期生长时间，可提早育苗，延长根系生长时期，提高优质苗数量。在辽宁地区使用此方法可提前繁育3 ～ 5天。

2. 摘叶疏枝

压条繁育前必须对母树的萌条区进行清理，清除杂草与病弱萌条，把欲压萌条下部的叶片除去（图3-18），摘叶高度为地面向上20 ～ 25厘米（图3-19）。对于树基部过于密集细小，高度低于50cm的萌条，要疏去，以保证育苗质量。摘叶疏枝后要及时清理现场被疏去的萌条与叶片（图3-20）。摘叶疏枝后的萌条如图3-21所示。

图3-18　摘叶

图3-19　摘叶后的萌条

图3-20　清理育苗区

图3-21　摘叶疏枝后萌条

3. 横缢处理

榛树萌条横缢的目的是阻止枝条上部的养分和生长素向下运输，促进枝条生根。横缢在摘叶疏枝后进行。目前常用的横缢材料是22～24号铁丝（图3-22），铁丝要切割成6厘米左右备用（图3-23）。横缢高度为萌蘖枝距地面1～2厘米处（图3-24）。横缢位置过低会导致根系直接扎入土中，导致起苗困难，同时影响母树第二年萌蘖发生数量；横缢位置过高（3～5厘米），会使基桩年年升高，加大作业难度。铁丝横缢封口样式见图3-25。育苗园区较大时，在进行横缢处理操作时，操作一部分面积就应进行喷施激素和覆土，避免枝条横缢太久，导致周边组织黄化，影响苗木生根率。

图3-22　24号铁丝

图3-23　剪成合适长度

图3-24　铁丝横缢

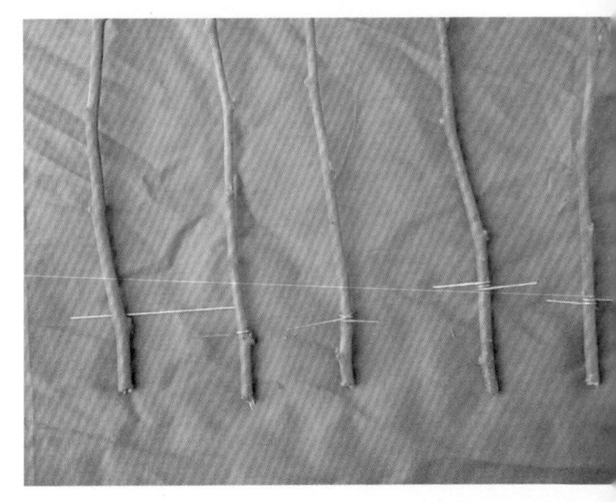

图3-25　从左至右演示铁丝在萌条横缢

图3-26 激素原药

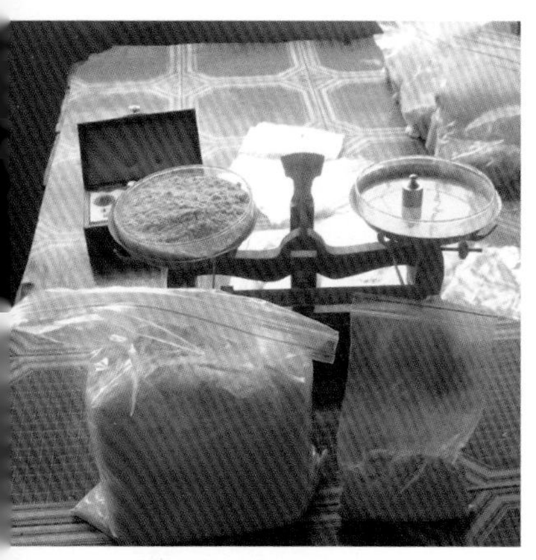

图3-27 激素分装

图3-28 喷施横缢口上20厘米

4. 涂抹激素

对横缢后的萌条一般都要涂抹生长素，刺激苗木生根。生长素的种类不同，所配溶液的浓度也有所区别。生长素含量在一定程度上影响枝条生根的难易，适当提高生长素含量，能促进生根。市场上用于刺激植物生根的激素类药物的种类很多，大部分效果都很好，但是其价格差别较大。应在保证药剂效果的前提下选择价格较低的，以低成本。目前生产上应用较多的是吲哚丁酸原药（图3-26）、萘乙酸原药，使用时需要将大剂量原药分装（图3-27），用酒精溶解后，兑水进行喷施。

生长素的涂抹方法：用喷雾器喷在萌蘖苗横缢口上方，喷施高度约20厘米（图3-28）。喷施高度过矮，药效无法得到正常发挥，过高则浪费药剂。一定要做到整个缢伤伤口以及周围区域药剂均匀地连在一起，应避免出现“断条”或“漏喷”现象，以免影响生根效果。

5. 培土

培土的目的是为榛树压条生根提供黑暗和湿润环境，因此，保湿性能较好的锯屑、河沙等都有利于压条生根。但从多年重复使用、损耗低、成本少等综合考虑，利用沙土进行育苗最为省工省效。培土前用小型微耕机先将行间土壤旋耕，将土壤处理疏松，或直接采用拖拉机带动培土机器（图3-29），直接将土堆于苗木周围，再人工用铁锹将沙土推至进苗丛内部（图3-29），使内部苗基部被土覆盖，要求土覆盖苗均匀（图3-30），培土高度为25厘米。培土后期灌水，保证土堆湿润。

图3-29 机器培土

图3-30 培土后榛苗

三、育苗后管理

1. 土壤管理

在压条任务完成后，若无降雨，则根据墒情每隔15天灌水一次。辽宁熊岳地区7月进入雨季，一般无特别干旱，不再灌水。压条30天后，萌蘖基部喷药部位产生大量乳白色新根（图3-31），9月根系已经发育完全（图3-32）。

图3-31　产生新根

图3-32　根系发育完全

2. 病虫害防治

榛树育苗园一般发生虫害较少，多发病害为白粉病，虫害为蛾类幼虫及榛实象鼻虫等。化学防治方法：一般在6月中旬喷施10%吡虫啉可湿性粉剂2000倍液+乐斯本1000倍液+20%三唑酮乳油800倍液，8月上旬喷洒50%多菌灵可湿性粉剂600～1000倍液或50%甲基托布津可湿性粉剂800～1000倍液即可。

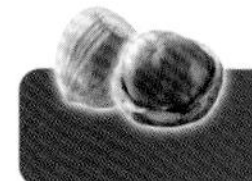

四、苗木出圃

1. 起苗

苗木出圃时间一般在母株落叶休眠后进行，熊岳地区为11月上旬，此时叶片已经脱落。出圃前一周要对全园灌一次透水，保证起苗时基质

图3-33　前后、左右晃动，听到响声，抖动浮土，拔出苗木

图3-34　同品种苗木采用统一颜色绳绑扎

湿润，减少伤根情况，提高苗木质量。

起苗流程：首先将苗木两侧的土用铁锹铲除，用二齿钩子钩掉苗木周围的土。当苗木周围土壤较少时，只要轻轻前后晃动即可从横缢处断离（图3-33），形成一棵新的苗木。将从母株分离下来的萌蘖苗根据质量进行分级、打捆（图3-34），系好标签、注明品种，以便于以后销售或者栽植。起苗后要用锯屑和周围土在母株根颈处培好土堆，防止根系抽干受冻，影响下一年的萌条数量。苗木分级一般为两级：一级为优质苗，即苗木超过基本要求规格，并且木质化良好，发育充实，苗壮，芽饱满，根系发达；二级是不合格苗，在规格标准以下，需在苗圃继续培育1年。分级标准见表3-1。

表3-1　杂种榛子苗木分级标准

等级	地径	苗木高度	根系	芽眼	病害	损伤
一级	0.8厘米以上	80厘米以上	发达，侧根长度15厘米以上，根系四周分布均匀（图3-35）	饱满	无	无
二级	0.8厘米以下	80厘米以下	发达	饱满	无	无

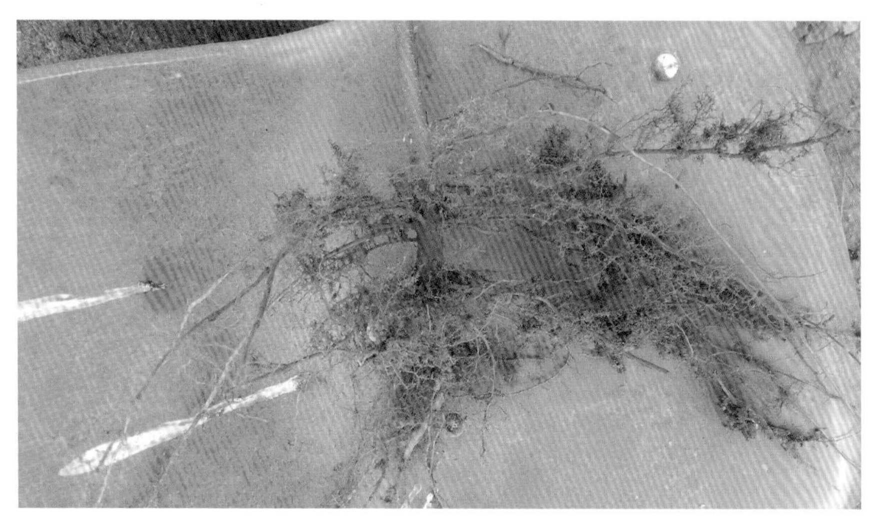

图3-35　一级苗木根系

2. 苗木贮藏

苗木贮藏方法就是用河沙将苗木进行假植。选背阴、排水良好的地方，在地面平铺河沙，厚度达40厘米，然后挖沟，沟深宽各为30～40厘米，沟长依苗木的多少而定。将苗木成捆地排列在沟内（图3-36），用含水量60%的湿沙覆盖根系和苗茎下部，覆盖后左右晃动苗木，沙土即可与苗木紧密接触。沙培后灌透水，覆盖塑料布（图3-37），并盖一层棉毡（图3-38）。贮藏过程中要注意温、湿度管理，保证销售和栽植前苗木处于良好的休眠状态。

图3-36　苗木假植

图3-37 苗木上盖塑料布

图3-38 盖棉毡

3. 苗木运输

在运输过程中，苗木容易失水。榛树芽苞突出，尤其脆弱，枝条芽在运输中更容易碰伤及碰掉。因此，正规苗圃均将苗木包装后运输，包装箱外写明品种名称及数量。将苗木剪截后放入箱中（纸箱规格为100厘米×40厘米×40厘米），箱内有塑料布，将苗木包裹后，再将箱封好（图3-39）。

图3-39　苗木装箱

附录1　石硫合剂的科学熬制和正确使用

1. 配方

生石灰1千克，硫黄粉2千克，水13～15千克。

2. 熬制方法

锅内先加入足量的水，记住此时的水面高度，此水面高度即完成时保持的液面高度。等水烧开以后，把预先用温水化成稠糊状的硫黄倒进锅内。硫黄糊下锅后不要急于下生石灰，等水再次烧开时再逐块从锅边轻轻放入生石灰。这样下料，硫黄全部漂浮在水面上，遇到石灰能充分反应。如果温水下入硫黄，硫黄易沉于锅底；若未待第2次锅开就下生石灰，锅内硫黄的温度不够高，与石灰发生化学反应不剧烈、不充分，锅底容易沉淀石灰残渣，浪费原料。石灰下锅后，边熬边搅拌，继续用大火熬煮45分钟，待药液变成红褐色即可停火。熬制过程中随时用开水补充蒸发的水量，使标记的水面高度保持不变。停火后马上起锅用纱袋过滤，除去渣子，即为石硫合剂原液。除原料质量外，熬煮过程中的火力和反应时间对石硫合剂质量有很大影响。若时间太短、火力不足，反应不完全，母液颜色较淡；若反应时间过长，剧烈搅拌，反应生成的多硫化钙又被氧化破坏，母液质量也差。实践表明，用此法熬制的石硫合剂，原液一般可达到22～24波美度，好的可达30波美度。1千克硫黄熬制石硫合剂原液5～6千克，比常规熬制方法出药量大、浓度高（扫描附录图1二维码可观看视频）。

附录图1　石硫合剂熬制

3. 浓度测定

熬制好的原液有效成分为多硫化钙，常用波美度表示浓度，用波美计测量波美度大小。农村有些地方难买到波美计，这里介绍一种简单的测量方法：取一个透明玻璃杯，称其重量，标记为M_1。倒入1千克清水，在瓶外水面处划一记号，然后将清水倒掉，注入石硫合剂母液至记号处，称重，标记为M_2。则瓶中石硫合剂母液波美度为[146-（M_2-M_1）]/（M_2-M_1）

4. 稀释倍数

用原液稀释所需要的浓度，只需在原液中加入定量的水搅拌均匀即可。以重量为单位计算加水倍数：

加水倍数=原液波美度÷所需药液波美度-1

例如：原液为24波美度，要配成3波美度液，加水倍数则为：24÷3-1=7，即1千克24波美度原液加水7千克可配成3波美度溶液。

5. 用药时间

早春大风天气较多，尤其是下午风比较大，最好选择在晴天上午9:00～11:00喷药，否则药液会随风飘散，无法喷布均匀，影响防治效果。萌芽前喷药要仔细周到，从树上到树冠下表土，以树体上药液呈淋洗状为宜。

6. 合理混用

石硫合剂为碱性农药，通常单独使用，不可与其他忌碱农药混用。否则，硫碱中和，药效降低，起不到防病治虫的作用。波尔多液虽然也是碱性农药，但也不能与石硫合剂混合使用。因为二者混合后发生化学反应，不但降低药效，还容量导致药害。如果确实需要与波尔多液前后连续使用，也要有充足的时间间隔。若先喷石硫合剂，需间隔10～15天再喷波尔多液；若先喷波尔多液，则要间隔20天才能喷石硫合剂。

此外，石硫合剂也不可与其他铜制剂，以及含有锰、锌等治疗缺素症的药液混用。

7. 妥善保管

熬制较多、一次用不完的原液，要贮藏于陶瓷坛内，表面加一层煤油或机油，使之空气隔绝，然后加盖密封，这样可以长期保存不变质。

附录2　榛树树体自然灾害预防

榛树经常发生的自然灾害有冻害、抽条、冻旱、霜冻、涝害等。现将直接影响榛树生产的冻害、抽条、霜冻、日灼等灾害和防治措施分述如下。

一、冻害

冻害指榛树在休眠期因受零下低温（欧洲榛为−4℃以下，平欧杂种榛为−30℃以下）的伤害而使细胞和组织受伤或死亡。

1. 冻害的表现及原因

在幼树1～2年生枝条上：轻微冻害时，仅髓部变褐色；较重时，枝条干枯。多年生枝冻害常表现为树皮局部冻伤，冻伤部分皮层变褐色，其后逐渐干枯。芽子受冻时，芽苞干裂，鳞片张开、芽干枯。雄花序受冻，花药变深褐色，不能正常开放。

影响榛树冻害发生的因素很复杂。从内因来说，冻害与品种、树龄、生长势、当年枝条发育成熟度及越冬锻炼情况密切相关。从外因来说，则与地理位置、土壤地势及当年的气候等均有很大影响。

榛树因种类、品种不同，抗寒力差别很大。欧洲榛抗寒力差，休眠期只能耐−6～−4℃低温，平欧杂种榛则能耐−30℃的低温。欧洲榛芽鳞片少且松散，芽易受冻；平欧杂种榛的芽鳞片多，而且包得紧，芽不易受冻。枝条成熟度强的、营养物质积累多的则抗寒性强；反之，枝条成熟度差，不充实，营养物质积累得少，则抗寒力弱，易受冻害。树势强壮的榛树较生长势弱的抗寒性强。气象条件是造成冻害的直接因素，持续低温、土壤干旱及空气干燥等会加重冻害。阳面枝干较阴面枝干冻害重。积雪覆盖有利于榛树越冬。冬季气温高、温差大气加重榛树冻害。

2. 防止冻害的主要措施

（1）选育抗寒品种　这是防冻害最根本而有效的措施和重要途径。

如目前已培育的抗寒丰产的达维、玉坠、辽榛6号等品种。

（2）因地制宜，适地栽培　如欧榛系适宜在北纬32°～36°的黄河-长江流域，年平均气温达到13～16℃的地区栽培。而平欧杂榛可在年平均温度4～15℃的地区（北纬31°～46°）栽培。

（3）采用先进技术，加强年周期综合管理　如春季加强氮素和水分的供应，促进前期旺盛生长，使枝条生长健壮；后期应及时控制氮肥和水分，增施磷、钾肥，进行夏季修剪，促使新梢及时停止生长，使之充分成熟、积累养分，接受锻炼，及时进入休眠。这对提高抗寒力，特别是幼树尤为重要。

（4）加强树体越冬保护　榛树定植后每年要在土壤结冻前对树干基部培土，高度为25～30厘米。另外，设风障、包草、涂白等均有一定效果。

二、抽条

有些榛树，尤其是幼龄榛树，在冬春季节由于枝条失水过多，出现表皮皱缩、干裂、枝条干枯的现象，称为抽条，俗称抽梢。榛树抽条已成为制约榛树高效栽培的重要因素之一。2017年，是抽条现象爆发极其严重的一年，综合各位专家对辽宁沈阳、铁岭、辽阳、普兰店、辽西等地抽干严重现象的成因及预防分析，介绍榛园抽条原因及防治措施。

1. 抽条表现

树体抽条虽与低温有关，但不是冻害，也不是日灼。冻害一般雄花序及芽全部开裂，枝条髓部变褐；日灼干枯枝条内部形成层出现褐变、树皮开裂、严重时木质部也发生褐变。榛树抽条后枝条髓部呈绿色干枯。但抽条往往与冻害、日灼相伴发生。

2. 榛树树体抽条原因

（1）品种　选用品种不当是引起抽条的原因之一。品种抗寒、抗旱是各地引种首先要考虑的因素，各地气候不同，要因地制宜选择适合栽植的榛树品种。

（2）地形、地势　谢明对辽宁省10个市25个乡镇60块园地调查发现，发生较为严重的冻害多分布在辽河平原及周边、半干旱地区，干旱、少雨、温度变幅大等是诱因。湿润地区或虽干旱但管理良好的果园，各类冻害发生较轻。

（3）树龄　抗抽条品种，一般幼树或盛果期树一年生枝条抽条概率大。幼树、一年生枝条生长旺盛，停止生长较晚，细胞组织里水分多，脆弱，冬季容易遭受风害，梢部干缩。抽条表现为枝干失水、干枯皱缩，轻者梢顶端或上部树梢抽干，重者可抽至根颈部，地上部分全部死亡。

（4）气候　降雨量是榛树抽条的影响因素之一，即使抗抽条品种，在干旱少雨、冬春雨雪较少的年份，冬季抽条现象发生也会加重。据调查，沈阳2010年以前降水量在700毫米以上，2014 ～ 2017年平均降水量仅为552.65毫米，降水的减少，导致榛树冬季抗抽条能力降低。另外，榛树春季发芽前若风大、气温高，幼树地上部分蒸发量大，但地温较低，根系活动能力差，所吸收的水分不能满足地上部枝条的需要，易产生抽条现象。

（5）树势　如果各项管理不当，导致树势衰弱，会加重抽条现象发生。如繁苗消耗了大量营养，枝条抵抗力弱；结果过多消耗了大量营养，枝条不充实；很少施肥或施肥不足导致树体营养状况差等。

（6）病虫害侵害　有调查发现，吉林某果园榛树基部树干大面积被大青叶蝉幼虫侵蚀。大青叶蝉产卵时刺伤植物皮层，将卵置于皮下组织，幼虫靠吸食树干的液体营养生存，使树干的汁液损失，叶绿素及树体韧皮部被破坏，造成榛树抽条。另外，朝鲜球坚蚧、煤污等病虫害若不及时防治，也会导致树体衰弱，发生抽条。

3. 预防措施

（1）选择优良品种　选择优良品种是关键，不同地区选择适宜的栽培品种。在干旱、半干旱地区应选择最抗干旱品种。在调查了辽宁各地区榛树冬季冻害情况后，综合各因素发现：抗抽条最好的品种为达维、玉坠；中等品种为平欧28号（85-28）、平欧21号；极容易抽条品种为辽榛7号、辽榛3号、辽榛8号。

（2）前促后控，促进枝条成熟，增加树体贮藏营养　在榛树生长前期多施肥水，促进幼树枝叶生长茂盛，为积累营养物质打下基础。熊岳地区7月中旬后不要施用促进枝条营养生长的氮肥，应增施磷肥、钾肥。叶面喷施0.3%的磷酸二氢钾对于枝条和叶片的成熟很有效。合理进行夏季修剪，控制榛树生长，促使枝条充实，增强榛树抗寒能力。土壤刚解冻时及时中耕松土对防止抽条也有一定的作用。

（3）冬灌封冻水，春灌解冻水　11月上旬灌封冻水，树体可贮存大量水分，从而减缓冬季水分的蒸腾。早春2月下旬至3月上旬灌水，可提高土壤湿度；同时水分放出潜热，促进土壤提前解冻，利于根系活动吸收水分，及时补充树体内水分的亏缺，可防止抽条的发生。

（4）及时防治病虫害　加强榛园病虫害防治，对于蛀干害虫更要注意防范。榛园中不种植易发生大青叶蝉虫害的蔬菜或农作物。当树行或附近杂草中大青叶蝉较多时，要在秋季为害前喷菊酯类等杀虫剂防治大青叶蝉。

（5）树体根颈培土，绑草把，作土埂　对于新栽的幼龄榛树埋土，这样既可以减少树体水分的蒸发，又能起到保温防寒的作用。用作物秸秆或塑料薄膜等将幼龄榛树的枝干包扎起来，也可以减少水分蒸发和寒风侵袭，对防止抽条有良好效果。

（6）树体涂白　用石硫合剂、食盐、水等（配方见第二章内容），加适量水调和成涂抹剂，涂刷于幼龄榛树的主干上，可以减少树体水分蒸发，防止冻害，并兼有杀越冬虫卵的作用。另外，可喷施保水剂，以减少水分蒸发，防止抽条。

（7）调整榛园小气候　营造防护林可明显减轻榛树越冬抽条，或在榛树北侧筑起60～70厘米高的半圆形土埂，可以造成温暖向阳的小气候，使土壤提早解冻，也可减轻抽条的发生。

三、霜冻

1. 霜冻表现与原因

榛树在生长季节由于急剧降温，水汽凝结成霜而使树体幼嫩部分组织受冻，称为霜冻。对于榛树来说，在北方地区晚霜较早霜更具危害性。春季随着气温的上升，榛树解除休眠，进入生长期，雌花开放早，易遭受霜冻。大连地区3月中下旬，沈阳地区3月下旬至4月上旬雌花开花。此时遇霜冻，0℃以下低温可使雌花柱头变黑，停止伸长，不能授粉受精。当榛树在萌芽期受霜冻时，嫩芽嫩叶变褐色，影响树体发育和当年产量。

霜冻的发生与外界条件有密切关系。在冷空气易于集聚的地方发生霜冻较重，在空气流通处霜冻轻。湿度大可以缓冲温变，减轻霜冻危害。温度回升慢时植株受害轻，树体可以恢复，如果温度骤然回升则会加重受害。

2. 防治措施

①选择建榛园园地时，避免选在经常出现霜冻的地区。

②延迟萌芽和开花时间，可以减轻霜冻危害程度。可采取下列措施。

a. 春季喷水、灌水多次，可降低土温，延迟开花，花前灌水2～3次，可延迟开花2～3天。连续定时喷水可延迟7～8天开花。

b. 春季对主枝干涂白，可减少对太阳热能的吸收，可延长开花3～5天，或用7%～10%的石灰液喷布树冠，花期也可延期3～5天。

③在春季开花期，要经常听天气预报，一旦预报有霜冻，要及时准备，在榛园内熏烟。熏烟方法是用易燃的干草、刨花、秫秸等，与潮湿的落叶、草根、锯屑等分层交互堆起，外面再覆一层土，中间插上木棒，以利于点火和出烟，发烟堆不高于1米。发烟堆要分布于榛园四周和内部。根据气象预报，在有霜冻的夜晚，当温度降至5℃时即可点火发烟。也可用配制的防霜烟雾剂防霜冻，效果很好。烟雾剂的配方为：硝酸铵20%、锯末70%、废柴油10%。将硝酸铵磨碎，锯末过筛。锯末越细发烟越浓，持续放烟时间越长。霜冻来临之前，将配料按比例混合放入铁桶或纸筒内，根据风向放置药剂，待霜降前点燃，可提高温度1～1.5℃，烟雾保持1小时左右。

④加强榛园综合管理，增强树势，可提高抗霜能力。

四、日灼

日灼又称日烧，俗称“破肚子”，一般发生在寒冷的冬季和冬末春初，受害部位多发生在树干基部的阳面（南侧与西南侧）40厘米以下部位。日灼一般表现为树皮裂口，片状褐变并塌陷，伤害部位的形成层坏死，并伴随腐生菌的作用，树皮伤害坏死的面积越来越大，进而木质裸露，受损大枝衰弱死亡，严重的导致整株地上部干枯。一般幼龄树发生较轻，五年以上成龄树较重。

日灼的产生主要是由于早春季节夜间气温常在冰点以下，枝干组织处于冻结状态，但日出后阳光直射树木基干阳面，使原已冻结的形成层迅速融化并失水，冻融的交替使枝干阳光直射面皮层和形成层组织坏死，严重时会造成表皮开裂。在冬季寒冷，昼夜温差大的地区常会出现日灼，但冬季有大雪覆盖（30～40厘米）的地区日灼发生较轻。因此，日灼与冬季低温冻害有关，但低温不是唯一的决定因素，低温、变温、干旱、大风、光照强度等是导致日灼的综合环境因素。另外、品种及园区栽培管理也是造成日灼的影响因素，与抽条影响因素相似，此处不再赘述。

榛树的日灼问题是可以预防的，常用的预防措施包括如下。

1. 选择适宜品种

应选用本地区适栽的抗寒性品种。目前主栽的榛树品种（系）在抗寒性方面存在较大差异，根据其抗寒能力的强弱，可分为3类：抗寒性最强的是达维（84-254）、玉坠（84-310）、辽榛3号（84-226）、辽榛7号（82-11）、平欧15号（82-15）、平欧21号（B-21）、平欧210号（81-21）；抗寒性强的是辽榛4号（85-41）、平欧33号（83-33）、平欧48号（84-48）、平欧69号（84-69）、平欧237号（84-237）；抗寒性较强的是辽榛1号（84-349）、辽榛2号（84-524）和平欧545号（84-545）。在我国的北部栽培区（北纬41°～47°），主要包括黑龙江省北纬47°以南的齐齐哈尔南部、绥化南部、佳木斯南部、双鸭山南部、大庆、哈尔滨、鸡西、七台河、牡丹江等地；吉林省中部和东部的长春、吉林、四平、辽源、延边朝鲜族自治州、白山、通化等地；辽宁省的铁岭、沈阳、抚顺、本溪、辽阳、锦州北部、丹东等地；河北省的张家口、承德等地。上述栽培区适合的品种（系）应为最抗寒品种（系）类型。

2. 园地选择及建设防风林

在园地的选择方面，新建榛园尽量选取缓坡地或平地，避免在风口、低洼涝地建园，土层厚度在40厘米以上，土质以沙壤土、壤土及轻黏土为宜，pH5.5～8.0。防风林带对减轻日灼的危害效果较明显，除降低风害外，还可提高冬季榛园的温度，保持榛园内的空气湿度，减轻日灼、抽条等发生的程度。因此，有条件的地区或大型榛园应构建防风林带。

3. 结果园与育苗园分开

针对日灼的前期调研发现，不育苗的结果园发生日灼较轻或者不发生，既压条育苗又生产榛果的榛子园发生日灼严重，育苗是发生日灼的重要助长因素。因此，榛果生产园应停止育苗，并与苗圃严格分开。要生产苗木就单独建立苗圃，不宜采取苗果兼收的经营方式。

4. 榛园及树体管理

（1）更改树形　出现冬季日灼的地区或品种（系）应逐渐更新为丛状树形，在树体的西南方向多留枝，使枝干间能够相互遮挡，以减轻日灼损伤，丛状树形即使有主枝发生了日灼损伤对全树的影响也不大，可采取轮流更新的方式去掉，这样可大大降低死树的风险（该树形在鼠害发生的地区更具明显的优势）。

（2）增强树势　增强树势也是预防日灼现象的主要措施。榛果生产园应注重树体营养的补充，秋施有机肥，并在新梢生长、果实膨大、花芽分化等关键时期进行追肥，以增强树势。

（3）水分控制　调整榛树的水分供应，前促后控，入冬后浇封冻水，春季萌芽前浇萌芽水，以满足树体在休眠期对水分的需求；存在积水现象的地块应挖排水沟，避免因涝害导致树体营养不良或晚秋贪青徒长。

（4）除萌　及时、尽早剪除萌蘖，每年至少3次，后期除萌蘖不及时，不利于树体营养积累。

（5）适度修剪　修剪不过重，树体生长量适度。树干基部修剪要留放水枝、保护橛，以减少较大的伤疤；如有较大的伤疤，剪后要及时涂抹伤疤愈合剂并注意防止病虫的寄生。

（6）越冬防寒　采用树体涂白、根颈培土、绑草把等树体冬季防寒措施。

（7）受损树体的修复　及时观察，对于有日灼现象的榛园要做到早发现、早修复。主要措施如下。

①杀菌剂处理　榛树发生日灼、树皮开裂时，会伴随腐生菌侵染，因此应及时用杀菌剂涂膜裂口部位，进行杀菌处理；果腐宁、伤疤宝等一些药剂具有杀菌和促进伤口愈合的作用，使用时可刮去受日灼伤害死亡的树皮，并涂抹药剂。

②桥接　对出现严重冬季日灼伤害的大株，可利用基部萌蘖在受损枝干的一侧进行桥接，以补充树体养分的供应。

③留更替株　对于日灼伤害严重、树体面临死亡危险的植株，要提前利用萌蘖预留更替株，待日灼老株逐年衰老死亡时，更替株已经长大，这样就不会因树体死亡而影响产量。

在气象变化的应急防御方面，目前还缺乏有效的措施。

附录3 平欧杂种榛优良品种介绍

除前面介绍的达维、玉坠、辽榛3号、平欧21号、平欧15号等品外，目前已被审定的还有以下几个优良品种。

1. 辽榛1号（育种代号84-349）

1984年杂交，1988年初次入选，2006年通过国家林木品种委员会认定，定名为辽榛1号。果实椭圆形，黄褐色，具沟纹。果实平均重2.6克，果壳厚度1.3毫米，出仁率40%。果仁饱满，光洁，风味极香（附录图2、3）。

树势强壮，树姿半开张，雄花序少。在大连6年生树高2.7米，冠幅直径2.0米。丰产性强，一序多果。定植压条苗2～3年开始结果，为早结果、早丰产品种。辽宁沈阳7年生株株产3.0千克以上。对肥水要求较高，加强肥培管理会使产量提高。在沈阳3月下旬开花，果实成熟期在9月上旬。

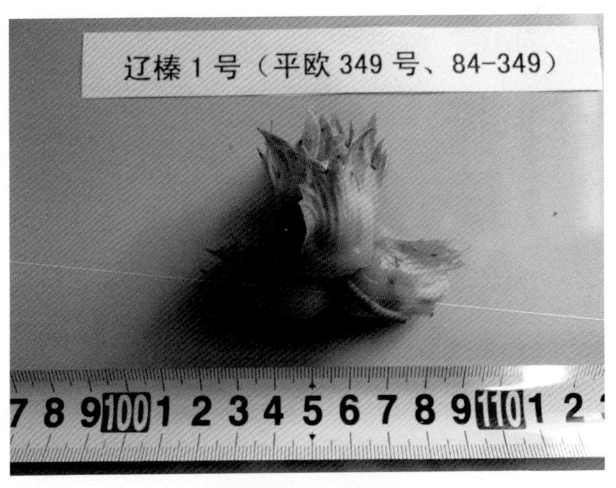

附录图2 辽榛1号

该品种在沈阳、大连越冬均有抽条现象，说明低温不是越冬的障碍，而冬春的空气湿度决定该品种是否抽条。越冬性较强，休眠期可耐−30℃低温。可在年平均气温10℃以上地区栽培，是中部栽培区优良品种之一。

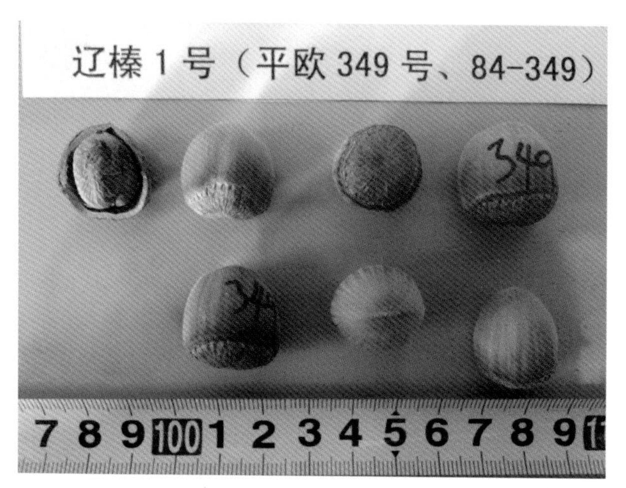

附录图3　辽榛1号果实

2. 辽榛2号（育种代号84-524）

1984年杂交，1990年入选，2002年命名。果实大，圆形，黄褐色。平均单果重2.6克，果壳较薄，厚度为1.1毫米，出仁率46%。果仁光洁，饱满，风味佳（附录图4、5）。

树势较中庸，树姿直立，雄花序少。丰产，结实早，定植压条苗2～3年开始结果，早期丰产，在山东安丘6年生株株产2.0千克。在大连3月中旬开花，果实成熟期为9月上旬。

该品种不耐寒，在大连、沈阳常有抽条现象，需在年平均气温10℃以上地区栽培。也可作杂交育种的亲本。

3. 辽榛4号（育种代号85-41）

1985年杂交，1991年初次入选，2006年通过辽宁省林木良种委员会审定，定名为辽榛4号。

果实圆形，金黄色，平均单果重2.5克。果壳极薄，厚度为0.95毫米，出仁率46%。果仁粗，但果仁无空心，果仁重1.15克。出仁率高是

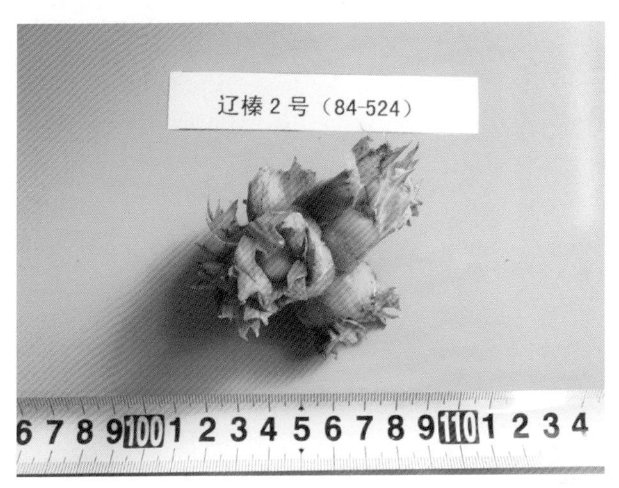

附录图4　辽榛2号

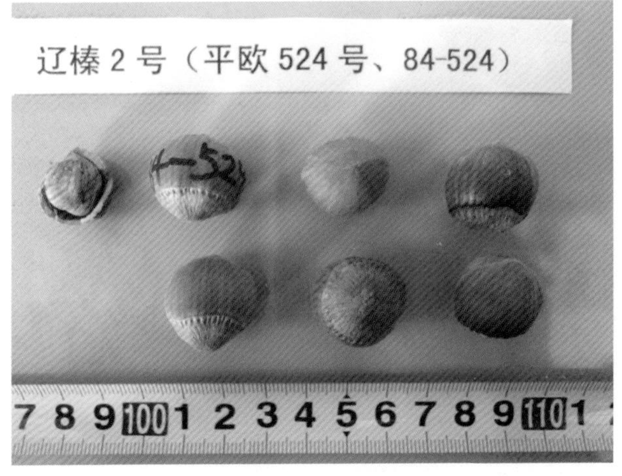

附录图5　辽榛2号果实

其突出特点（附录图6、7）。

树势强壮，树姿半开张，雄花序少。树冠较大，在沈阳6年生树高2.4米，冠幅直径2米。较丰产，在辽宁大连7年生以上株株产3.1千克以上。

越冬性中等，在大连可正常越冬，在沈阳越冬抽条，休眠期可耐−30℃适宜。适于在年平均气温8℃以上地区栽培。可作杂交育种亲本。

附录图6　辽榛4号

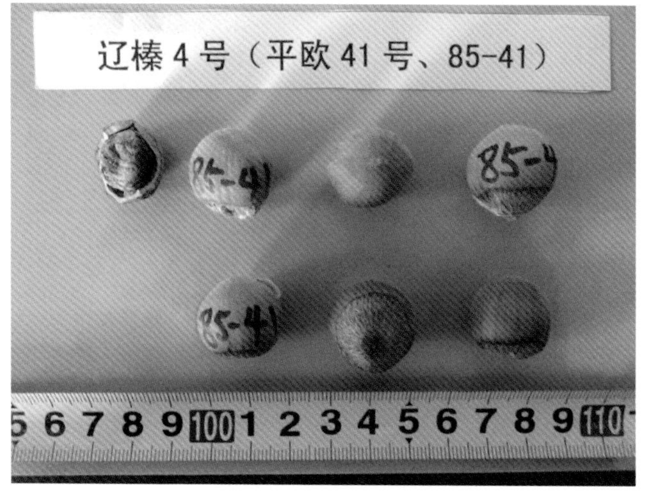

附录图7　辽榛4号果实

4. 辽榛5号（育种代号80-4）

1994年杂交，2008年已通过辽宁省林木品种审定委员会审定。树势中庸，树姿半开张，树冠中等。雄花序多，平均单果重2.7克，果实三径平均值2.0厘米，果壳厚度为1.5毫米。果实扁椭圆形，黄褐色，果仁光洁，出仁率38%。一序多果，平均每序结果2.2粒（附录图8、9）。果实成熟期为8月中旬，早熟。果实风味特佳，丰产稳产。6年生株亩产量为116千克，盛果期亩产达160千克以上。抗寒性、适应性极强，休眠期可抗−35℃低温。

附录图8　辽榛5号

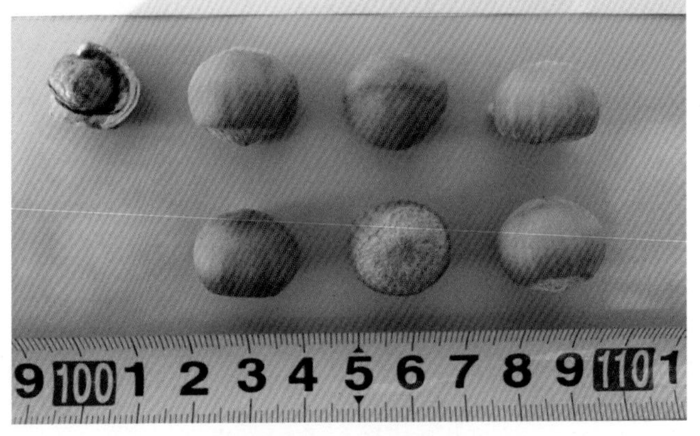

附录图9　辽榛5号果实

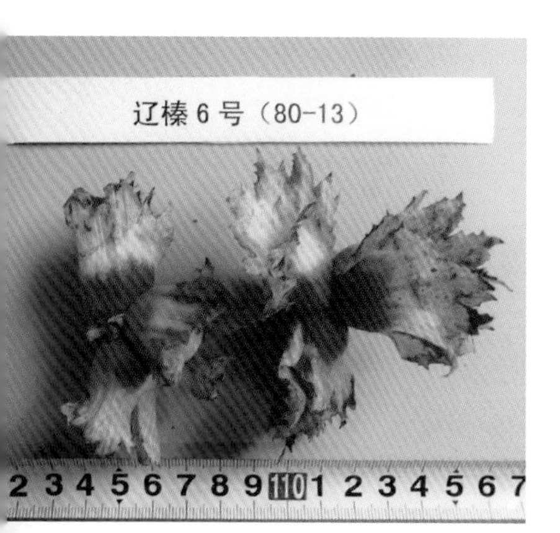

附录图10　辽榛6号

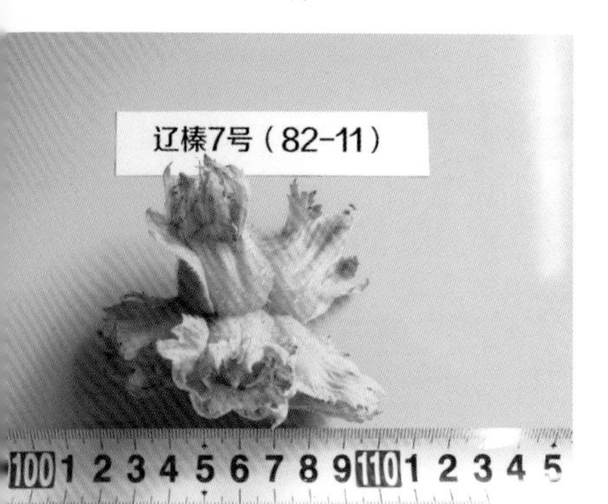

附录图11　辽榛7号

附录图12　辽榛7号果实

5. 辽榛6号（育种代号80-13）

1994年杂交，2008年已通过辽宁省林木品种审定委员会审定。树势强壮，树姿直立不开张，树冠中大，果苞短。平均单果重2.3克，果壳厚度为1.2毫米。果实圆形，红褐色。果实三径平均值1.7厘米，果仁光洁，出仁率44%。一序多果，平均每序结果2.6粒（附录图10）。6年生株株产量1.1千克，亩产可达125千克，盛果期亩产量达180千克以上。早熟，休眠期可抗−35℃低温。

6. 辽榛7号（育种代号82-11）

1982年杂交，1989年入选，2002年命名。树势中庸，树姿开张。果实圆锥形，红褐色，美观。平均单果重2.8克，果壳厚中等，出仁率达41%（附录图11、12）。果仁饱满，光洁，果仁皮易脱落，风味佳。在沈阳8月中旬果实成熟。早果性、丰产性均强，定植后2～3年结果，黑龙江桦南县南部地区10年生最高株株产4千克。抗寒性强，冬季耐−35℃低温，可在年平均气温4℃以上地区栽培，为重点推广品种之一。

7. 辽榛8号（育种代号81-21）

1981年杂交，1987年初次入选，2001年命名。树势中庸，树姿开张，树冠小，适宜密植。果实圆形，红褐色，具纵条纹，美观。单果重2.5～2.7克，果壳薄，出仁率43%～45%。果

附录图13　辽榛8号

附录图14　辽榛8号果实

仁饱满，光洁、风味香，略带甜味（附录图13、14）。在沈阳果实成熟期为8月中旬。结果早，定植后2～3年开始结果，穗状结实，一序多果，丰产，在辽宁桓仁6年生株株产3.1千克。耐寒，休眠期可耐-38℃低温。可以安全越冬，可在年平均气温3℃以上地区栽培。

8. 平欧28号（育种代号85-28）

果实圆形，黄色，果面具纵沟纹。平均单果重2.8克，果壳厚度为1.5毫米，出仁率40%，果仁光洁，饱满，风味香（附录图15、16）。

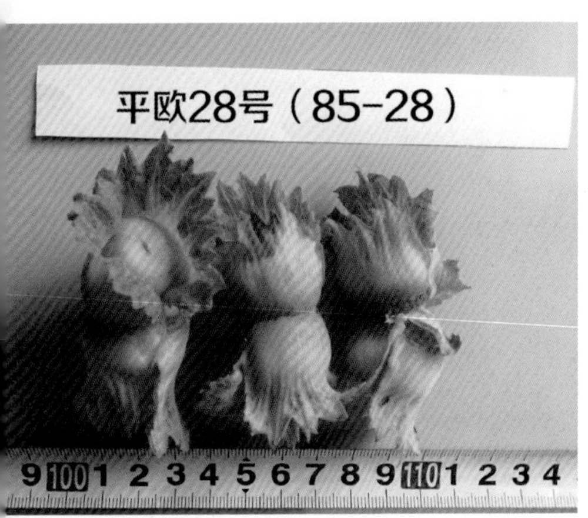

附录图15　平欧28号果苞

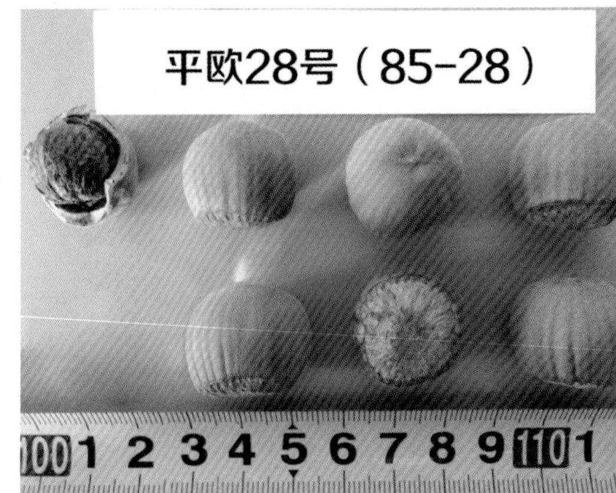

附录图16　平欧28号果实

树势强壮，树姿直立，雄花序少。在沈阳6年生树高2.5米，冠幅直径1.9～2.3米。早结果，早丰产品种，在辽宁7年生株株产2.7千克，果实成熟期8月下旬。

9. 平欧11号（育种代号B-11）

亲本为平榛×欧洲榛。1981年杂交，1998年初次入选，2002年12月命名。

果实圆形，黄褐色，平均单果重2.2克，果壳厚度为1.2～1.4毫米，出仁率43.5%，果仁光洁，饱满，风味佳。

附录图17 平欧11号

树势强壮，树姿半开张，直立。8年生株高3.5米，冠幅直径1.8米。丰产，一序多果，平均每序结实2.5个（附录图17），8年生株株产2.1千克。结实过多、肥料不足时，果仁不十分饱满，需加强肥培管理。在沈阳3月下旬开花，果实成熟期在8月下旬。

越冬性强，在沈阳休眠期可耐−30℃低温。越冬正常，可在年平均气温7℃以上地区栽培。为北部栽培区优良品种之一。

附录4　常用农药分类、剂型、稀释与配制

一、农药的分类

1. 按防治对象

可分为杀虫剂、杀螨剂、杀菌剂、除草剂、杀线虫剂、杀鼠剂、植物生长调节剂。

2. 按来源及化学成分

（1）无机农药　石灰、硫黄、砷酸钙、硫酸铜、磷化铝等。

（2）有机农药　植物性农药（烟草、除虫菊、印楝等）、矿物油农药（石油乳剂等）、微生物农药（苏云金杆菌、农用抗生素等）及人工合成的有机农药。

3. 按作用方式

（1）杀虫剂

①胃毒剂　药剂通过害虫的口器及消化系统进入体内，引起害虫中毒死亡。对刺吸口器害虫无效，但对咀嚼式口器害虫有效。药剂如敌百虫、灭幼脲、抑太保、苏云金杆菌、昆虫病毒抑制剂和部分植物源农药、杀鼠剂等。

②触杀刑　药剂通过接触害虫虫体渗入体内，使害虫中毒死亡。适用于各种口器的害虫，对于体表具有较厚蜡层保护物的害虫效果不佳。药剂如辛硫磷、马拉硫磷、毒死蜱、抗蚜威、溴氰菊酯等。

③熏蒸剂　药剂在常温常压下能汽化或分解成有毒气体，通过害虫的呼吸系统进入，导致虫体中毒死亡。熏蒸剂一般应在密闭条件下使用，在温室使用较好。除非在特殊情况下，例如土壤熏蒸，否则在大田条件下使用效果不佳。药剂如敌敌畏、溴甲烷（只能用于土壤熏蒸）等。

④内吸杀虫剂　药剂通过植物的根、茎、叶或种子，被吸收进入植物体内，并在植物体内输导，害虫为害植物时取食而中毒死亡。对刺吸式口器害虫有效。仅能渗透植物表皮而不能在植物体内传导的药剂，不能称为内吸性药剂。药剂如吡虫啉、乐果、杀虫双等。

⑤拒食剂　害虫取食后，拒绝进食而致饿死，如抑食肼等。

⑥驱避剂　药剂不具杀虫作用，但能使害虫忌避，以减少危害。

⑦引诱剂　引诱害虫前来，再集中消灭，如桃小食心虫诱芯等。

⑧昆虫生长调节剂　昆虫生长调节剂是一类特异性杀虫剂，在使用时不直接杀死昆虫，而是在昆虫个体发育时期阻碍或干扰昆虫正常发育，使昆虫个体生活能力降低、死亡，进而使种群灭绝。这类杀虫剂包括保幼激素、抗保幼激素、蜕皮激素和甲壳素合成抑制剂等。

⑨不育剂　破坏正常的生合功能，使害虫不能正常繁殖，达到防治目的。

⑩增效剂　本身无生物活性，但与某种农药混用时，能大幅度提高农药的毒力和药效的助剂。

（2）杀菌剂

①保护性杀菌剂　在病害流行前（即当病原菌接触寄主或侵入寄主之前）施用于植物体可能受害的部位，以保护植物不受侵染的药剂。如石硫合剂、代森锰锌、百菌清、波尔多液等。

②治疗性杀菌剂　在植物已经感病以后，可用一些非内吸杀菌剂。如硫黄直接杀死病菌；或用具内渗作用的杀菌剂，可渗入到植物组织内部，杀死病菌；或用内吸杀菌剂直接进入植物体内，随着植物体液运输传导而起治疗作用。如多菌灵、甲基硫菌灵、甲霜灵、三唑酮、烯唑醇、苯咪甲环唑、丙环唑、嘧菌酯、醚菌酯、霜霉威、烯酰吗啉、霜脲氰、嘧霉胺等。

③铲除性杀菌剂　对病原菌有直接强烈杀伤作用的药剂。这类药剂常不被生长期的植物耐受，故一般只用于播前土壤处理、植物休眠期或种苗处理。目前应用较多的主要有五氯酚钠、石硫合剂等。

（3）除草剂

①选择性除草剂　除草剂在植物间有选择性，能够杀死某些植物，而对另外一些植物安全。例如莠去津。

②灭生性除草剂　该类除草剂在不同植物间没有选择性，即对所有植物均有毒害或有抑制作用。例如百草枯。

二、农药的剂型和制剂

原药（technical material）：未经过加工的农药。由工厂合成未经加工的农药，一般有效成分含量很高。固体的称原粉，液体的称原液。

农药制剂（pesticide preparations）：将一种农药加工制成多种不同用途、组成及含量的产品。

农药剂型（pesticide formulations）：具有一定形态、组成及规格农药原药的加工形态。如乳油、可湿性粉剂、粉剂、粒剂等。

农药制剂名称由三部分组成，即有效成分含量、有效成分名称和剂型（扫描附录图18二维码可观看视频）。如在“25%多菌灵可湿性粉剂”这个名称中，“25%”为有效成分含量，“多菌灵”为有效成分名称，“可湿性粉剂”为加工制剂类型。

附录图18　农药剂型

三、农药的常用剂型

农药的常用剂型见附录图19。

农药剂型的发展方向如下。

可加水稀释剂型	直接使用不加水稀释剂型
可溶性粉剂（SP） 乳油（EC） 可湿性粉剂（WP） 水悬浮剂（SC） 水乳剂（EW），又称（浓乳剂） 微乳剂（ME） 水剂（AS） 可溶性水剂（SL） 水分散粒剂（WG）	粉剂（DP） 粒剂（GR） 超低容量剂（油剂）（ULV） 烟剂（FU） 种衣剂（DS） 缓释剂（CRF）

附录图19　农药常用剂型

①以水替代现有制剂中使用的有机溶剂，以降低毒性，减轻药害和环境污染，使之变成非危险品。

②将微粉剂造粒，以防止人吸入粉尘和漂移。

③控制药剂的释放，改进施用方法等，从而使制剂功能化。

四、防治有害生物禁止使用的药剂

滴滴涕，六六六，林丹，硫丹，毒杀芬，艾氏剂、狄氏剂，三氯杀螨醇，甲拌磷，乙拌磷，久效磷，对硫磷，甲基对硫磷，甲基异柳磷，治螟磷，磷胺，地虫硫磷，灭线磷，氯唑磷，硫线磷，特丁硫磷，克线丹，苯线磷，甲基硫环磷，涕灭威，克百威（呋喃丹），灭多威，丁硫克百威，丙硫克百威，二溴乙烷，二溴氯丙烷，溴甲烷，甲基胂酸锌（稻脚青），甲基胂酸钙（稻宁），甲基胂酸铁铵（田安），福美甲胂，福美胂，氟化钙，氟化钠，氯乙酸钠，氟铝酸铵，氟硅酸钠，氯化乙基汞（西力生），醋酸苯汞（赛力散），三苯基醋酸锡（薯瘟锡），三苯基氯化锡，毒菌锡，敌枯双，杀虫脒，五氯硝基苯，稻瘟醇（五氯苯甲醇），毒鼠强，毒鼠硅，草枯醚，除草醚，2,4-D类除草剂或植物生长调节剂。

五、农药稀释与配制

1. 农药制剂常见含量的表示方法

（1）质量分数比含量　制剂中有效成分的质量占总质量的百分比（扫描附录图20可观看视频）。

如：一袋100克的10%吡嘧磺隆可湿性粉剂，表示含有100×10%=10克的吡嘧磺隆除草剂有效成分，其余的90克为农药助剂和填料。

（2）质量体积比含量　制剂中有效成分的质量与制剂的总体积之比。

如：480克/升异噁草松乳油，表示每升制剂中含有异噁草松有效

附录图20　固体类剂型农药配制

成分480克。

（3）特殊表示方法——活性单位/克或活性单位/毫升。对于生物菌剂等采用单位质量或单位体积所含有的活性单位的数目来表示含量。

如80亿/克白僵菌粉剂表示每克制剂中含有80亿个白僵菌孢子，100亿/毫升白僵菌油悬浮剂表示每毫升制剂中含有100亿个白僵菌孢子。

2. 农药浓度的表示方法及换算

（1）农药有效成分用量表示方法　国际上普遍采用单位面积有效成分用药量表示，单位为克/公顷。这种表示方法主要用在科学实验方面，如登记申请的田间试验报告中必须用此种表示方法。

换算公式为：

制剂用量=有效成分用量÷制剂含量

换算例子：用氰戊菊酯防治棉花害虫时有效成分用量为80～160克/公顷，表示防治每公顷棉花田害虫需要使用有效成分氰戊菊酯80～160克，如使用20%氰戊菊酯乳油则需要多少克（扫描附录图21二维码可观看视频）80÷20% = 400（克），160÷20% = 800（克），所以使用20%氰戊菊酯乳油的用量为400～800克/公顷。

附录图21　液体剂型类农药配制

（2）农药商品用量方法　一般表示为克（毫升）/公顷或克（毫升）/亩，是现行标签上的主要表示方法。

换算公式为：

有效成分用量=制剂用量×制剂含量

换算例子：防治大豆禾本科杂草需用20%烯禾啶乳油1000～1500毫升/公顷。则防治每公顷大豆禾本科杂草需要烯禾啶有效成分：1000×20% = 200（毫升），1500×20% = 300（毫升），所以需要烯和定有效成分200～300毫升/公顷。

（3）倍数法　例如，配制50%多菌灵可湿性粉剂800倍液，即1千克50%多菌灵制剂加水800千克（严格应加799千克水），即可得800倍药液。

在应用倍数法时，通常采用下列两种方法。

①内比法：在稀释100倍以下时，稀释量要扣除原药所占的一份。如稀释60倍，即原药剂1份加稀释剂59份。

②外比法：在稀释100倍以上时，计算稀释量不扣除原药剂所占的1份。如稀释1000倍，即原药1份加稀释剂1000份。

3. 农药的配制

（1）二次稀释法　母液是先按所需药液浓度和药液用量计算出的所需制剂用量，加到一容器中（事先加入少量水或稀释液），然后混匀，配制成高浓度母液，然后将它带到施药地点后，再分次加入稀释剂，配制成使用形态的药液。母液法又称二次稀释法，它比一次稀释法药效好得多。特别是乳油农药，采用母液法，能配制出高质量的乳状液。此外，可湿性粉剂、油剂等均可采用母液法配制稀释液。

（2）选用优良稀释剂　常选用含钙、镁离子少的软水来配制药液。乳化剂、湿展剂及原药易受钙、镁离子的影响，发生分解反应，降低其乳化和湿展性能，甚至使原药分解失效。因此，用软水配制液体农药，能显著提高药液的质量。

（3）改善和提高药剂质量　乳油农药在贮存过程中，若发生沉淀、结晶或结絮时，可以先将其放入温水中溶化、并不断振摇，加入一定量的湿展剂，如中性洗衣粉等，可以提高药液的湿展和乳化性能。水剂稀释时，加入有乳化和湿展作用的物质，能使施药效果更好。

附录5　榛园常用农药及病虫害防治

一、榛园常用农药及特点

1. 石硫合剂

石硫合剂的主要成分是多硫化钙，具有渗透和侵蚀病菌及害虫表皮蜡质层的能力，喷洒后在植物体表形成一层药膜，保护植物免受病菌侵害，适合在植株发病前或发病初期喷施。防治谱广，不仅能防治多种果树的白粉病、黑星病、炭疽病、腐烂病、流胶病、锈病、黑斑病，而且对果树红蜘蛛、锈壁虱、介壳虫等病虫防治也有效。

2. 阿维菌素

阿维菌素的商品名有齐螨素、海正灭虫灵、爱福丁、虫螨杀星、虫螨克星等，是一种中等毒性的杀虫、杀螨剂，具有触杀和胃毒作用，无内吸作用，但在叶片上有很强的渗透性，可杀死叶片表皮下的害虫。不杀卵，对害虫的幼虫、害螨的成螨和幼若螨高效。可用于防治榛树黄达瘿蚊、象鼻虫等。

注意：该药对蜜蜂、捕食性和寄生性天敌有一定的直接杀伤作用，不要在果树开花期施用。对鱼类高毒，应避免污染湖泊、池塘、河流等水源。果实采收前20天停止使用。

3. 吡虫啉

吡虫啉的商品名有优高巧、艾美乐、一遍净、蚜虱净等，是一种内吸光谱型杀虫剂，在植物上内吸性强，对刺吸式口器的蚜虫、叶蝉、介壳虫、蝽类有较好的防治效果。对蜜蜂有害，禁止在花期使用，采收前15～20天停止使用。

4. 啶虫脒

啶虫脒的商品名有莫比朗、聚歼、蚜终、蚜泰、比虫清等，具有触杀和胃毒作用，在植物体表明渗透性强。高效、低毒、持效期长，可防治各种蚜虫、蝽象、介壳虫、叶蝉。在桃蚜、桃瘤蚜、粉蚜发生初盛期，用3%啶虫脒乳油1500～2000倍液均匀喷雾，可兼治叶蝉、蝽象和介壳虫。

5. 灭幼脲

灭幼脲具有胃毒、触杀作用，无内吸性，杀虫效果比较缓慢，能抑制害虫体壁组织内甲壳素的合成，使幼虫不能正常脱皮和发育变态，造成重度畸形而死。该药剂主要用于防治鳞翅目害虫（潜叶蛾、黄刺蛾、扁刺蛾、苹掌舟蛾、苹小卷叶虫，其中潜叶蛾、苹小卷叶虫最为常见）。

6. 氟虫脲

氟虫脲又名卡死克，是一种杀虫、杀螨剂。该药主要抑制害虫表皮甲壳素的合成，使害虫不能正常脱皮或变态而死。主要杀幼虫和幼若虫，不杀成螨，但成螨受药后产下的卵不能孵化，可有效防治果树上的多种鳞翅目害虫和螨害。应在害虫卵期和低龄幼虫期喷药，注意事项同灭幼脲。

7. 氯虫苯甲酰胺

氯虫苯甲酰胺的商品名有康宽、奥得腾等。该杀虫剂是一种微毒高效的新杀虫剂，对害虫以胃毒作用为主，兼具触杀作用，对鳞翅目初孵幼虫有特效。杀虫谱广，持效期长。对有益昆虫、鱼虾也比较安全。防治卷叶蛾、食心虫、毛虫、刺蛾等鳞翅目害虫。在成虫发生盛期后1～2天，用35%氯虫苯甲酰胺水分散粒剂8000～10000倍液均匀喷洒枝叶和果实。

8. 螺虫乙酯

螺虫乙酯的商品名为亩旺特，是一种新型杀虫、杀螨剂，具有双向内吸传导性，可以在整个植物体内向上向下移动，抵达叶面和树皮。高效广谱，持效期长，有效防治期可长达8周。可有效防治各种刺吸式口器害虫，如蚜虫、叶蝉、介壳虫、绿盲蝽等，对瓢虫、食蚜蝇和寄生蜂比较安全。

9. 氟啶虫胺腈

氟啶虫胺腈的商品名有可立施、特福力等，是一种新型内吸性杀虫剂，可经叶、茎、根吸收而进入植物体内，具有触杀、胃毒作用，广谱、高效、低毒，持效期长，可用于防治绿盲蝽、蚜虫、介壳虫、叶蝉等刺吸式口器害虫。

注意：该药直接喷施到蜜蜂身上对蜜蜂有毒，在蜜源植物和蜂群活动频繁区域喷洒该药剂后，需等作物表面药液彻底干透才可以放蜂。

10. 功夫菊酯

功夫菊酯又名功夫，为拟除虫菊酯类杀虫剂，具有触杀、胃毒作用，击倒速度快，杀卵活性高。杀虫谱广，可用于防治梨小食心虫、卷叶蛾、刺蛾、毛虫类、茶翅蝽、绿盲蝽、蚜虫、介壳虫等大多数害虫。对人、畜毒性中等，对果树比较安全。

注意：本药剂对蜜蜂有毒，对家蚕、鱼类高毒，禁止在果树花期使用，使用时不可污染水域或养蜂、养蚕场地。害虫易对该药产生抗药性，不宜连续多次使用，应与螺虫乙酯、吡虫啉、氯虫苯甲酰胺交替使用。

11. 高效氯氰菊酯

高效氯氰菊酯的商品名有高灭灵、歼灭、高效灭百可、高效安绿宝、奋斗呐等，具有触杀、胃毒作用和高杀卵活性，杀虫谱广，击倒速度快。防治对象和注意事项同功夫菊酯。

12. 哒螨灵

哒螨灵的商品名有哒螨酮、速螨酮、哒螨净、速克螨、扫螨净、螨斯净等，为触杀性螨剂，对螨卵、幼螨、若螨和成螨都有很好的杀灭效果，速效性好、持效期长，可在螨害大发生期施用。可用于防治多种植物害螨，但对二斑叶螨防效很差。

注意：对哺乳动物毒性中等，对鸟类低毒，对鱼虾和蜜蜂毒性较高。禁止在果树花期使用。

13. 三唑锡

三唑锡的商品名优北乐霸、三唑环锡、螨无踪等，具有强触杀作用，可杀灭幼若螨、成螨和夏卵，对冬卵无效。杀螨谱广、速效性好、残效期长，可有效防治多种果树害螨。

注意：该药剂不能与波尔多液、石硫合剂等碱性农药混用，与波尔多液的间隔使用时间应超过10天。对鱼毒性高，使用时不要污染水源。

14. 甲基硫菌灵

甲基硫菌灵又名甲基托布津，是一种广谱内吸性杀菌剂，具有预防、治疗作用，能防治多种果树真菌性病害，如褐腐病、炭疽病、疮痂病、根腐病等。采收前14天停止使用。

15. 苯醚甲环唑

苯醚甲环唑的商品名有恶醚唑、敌委丹、世冠、世高、真高等，为广谱内吸性杀菌剂，施药后能被植物迅速吸收，药效持久。可防治白粉病、锈病。

16. 腈苯唑

腈苯唑又称唑菌腈、苯腈唑、应得等，是一种广谱内吸性杀菌剂，能阻止病菌孢子侵入和抑制菌丝生长。在病菌潜伏期使用，能阻止病菌的发育；在发病后使用，能使下一代病菌孢子失去侵染能力，具有预防和治疗作用。可有效防治锈病和褐腐病。

17. 己唑醇

该剂具有内吸、保护和治疗活性。杀菌谱广，可有效防治白粉病、锈病、褐斑病、炭疽病等。注意在幼果期不要使用。

18. 嘧菌酯

嘧菌酯的商品名有阿米西达、安灭达等，是一种新型内吸性杀菌剂，能被植物吸收和传导，具有保护、治疗和铲除效果。高效、广谱，可有效防治褐腐病、炭疽病、叶斑病等。于发病前，用25%悬浮剂500～800倍液喷雾。采收前7天停止使用。

19. 三唑酮（粉锈宁、粉锈灵、百里通）

三唑酮是内吸性较强的三唑类杀菌剂，对锈病、白粉病有预防、铲除、治疗、熏蒸作用，对高等动物低毒，对蜜蜂和家蚕无害，对天敌和有益生物安全。制剂主要有20%乳油，5%、15%、25%可湿性粉剂，15%烟雾剂。榛园白粉病的发病初期喷洒20%三唑酮乳油800～1000倍液可以实现有效的防治。

二、榛园常见病虫害及化学防治

见附录表1。

附录表1　榛园常见病虫害及化学防治一览表

病虫名称	农药商品名及毒性	剂型	作用方式	稀释倍数	防治虫态或施用方法	施药部位
榛卷叶象甲	辛硫·三唑磷（中毒）	20%乳油	触杀剂	500	成虫	树冠
	敌敌畏（中毒）	80%乳油	熏蒸剂、内吸剂	1000	成虫	
	辛硫磷（低毒）	50%乳油	内吸剂	800	幼虫和卵	
	溴氰菊酯（低毒）	2.5%乳油	内吸剂	2000	成虫	
地老虎	敌百虫（低毒）	80%乳油	内吸剂	1000	幼虫蛹	根际
蒙古象甲	辛硫·三唑磷（中毒）	20%乳油	触杀剂	500	成虫	地表
大灰象甲	辛硫·三唑磷（中毒）	20%乳油	触杀剂	500	成虫	地表
榛黄达瘿蚊	高氯菊酯（中毒）	2.5%乳油	触杀剂	1000	成虫	地表、树冠
	氯氰菊酯（中毒）	20%乳油	触杀剂	1000	成虫	地表、树冠
	氰戊菊酯（中毒）	20%乳油	触杀剂	1000	幼虫	树冠
	辛硫磷（中毒）	50%乳油	触杀剂	800	幼虫	树冠
榛实象甲	高氯菊酯（中毒）	4.5%乳油	触杀剂	1000	成虫	地表、树冠
	敌敌畏（中毒）	80%乳油	熏蒸剂、内吸剂	1000	成虫	地表、树冠
	辛硫磷（低毒）	50%乳油	内吸剂、触杀剂	800	幼虫和卵	树冠
	腈松乳剂	50%乳油	内吸剂	400	幼虫和卵	树冠

续表

病虫名称	农药商品名及毒性	剂型	作用方式	稀释倍数	防治虫态或施用方法	施药部位
榛实象甲	氯丹乳剂	50%乳油	内吸剂	400	幼虫和卵	树冠
	灭扫利（中毒）	20%乳油	内吸剂	2000	成虫	树冠
	乐斯本（低毒）	48%乳油	内吸剂	800	成虫	树冠
舞毒蛾、折带黄毒蛾、榛尺蠖、刺蛾类、木蠹蛾、果苞驻蛾、疣纹蝙蝠蛾等蛾类	毒丝本（中毒）	40%乳油	胃毒剂、熏蒸剂	800	幼虫	树冠
	吡虫啉（低毒）	5%乳油	内吸剂	800	幼虫	树冠
	辛硫磷（低毒）	50%乳油	内吸剂	800	幼虫	树冠
蝼蛄	敌百虫（低毒）	80%乳油	内吸剂	1∶5	危害阶段	地表土
	敌杀死（中毒）	2.5%乳油	内吸剂	1∶5	虫态	地表土
黑绒金龟	乐果（中毒）	40%乳油	内吸剂	200	成虫	树冠
	敌百虫	80%乳油	内吸剂	1000	幼虫	根部
苹毛金龟子	1605（乙基对硫磷，高毒）	50%	内吸剂		幼虫	地表、树冠
铜绿金龟子	乐果	50%乳剂	内吸剂	800	成虫	地表、树冠
介壳虫	石硫合剂	80%乳油	内吸剂	1000	幼虫蛹	根际
	乐果乳剂（中毒）	40%乳剂	内吸剂	200	成虫、幼虫	树冠
	敌敌畏（高毒）	50%乳油	熏蒸剂、内吸剂	1000	成虫	树冠

续表

病虫名称	农药商品名及毒性	剂型	作用方式	稀释倍数	防治虫态或施用方法	施药部位
水木坚介壳虫	石硫合剂	80%乳油	内吸剂	1000	幼虫蛹	根际
	杀螟松（中毒）	50%乳油	内吸剂	1000	成虫	树冠
白粉病	三唑酮	20%乳油	杀菌剂	700	5月上旬，6月上旬2～3次	地表、林冠
	石硫合剂	0.3～0.5波美度	保护剂			
立枯病、根腐病	敌克松（低毒）	50%乳剂	杀菌剂	500	5月上旬，6月上旬2～3次	地表、树冠
	代森铵（低毒）	50%粉剂	杀菌剂	500		地表、树冠
榛轮纹叶枯病	腐霉利（低毒）	50%粉剂	杀菌剂	2000	10～15天防治一次	
	异菌脲（低毒）	50%粉剂	杀菌剂	1500		
	噻菌灵（低毒）	45%悬浮剂	杀菌剂	3000		
榛果褐苞病	甲基硫菌灵（低毒）	70%粉剂	杀菌剂	500	5～6月喷2次	地表、树冠
	苯醚甲环唑（低毒）	70%粉剂	保护剂	800		地表、树冠
	氢氧化铜	80%粉剂	杀菌剂	800		地表、树冠

三、榛园常用诱杀害虫方法

诱杀是根据害虫的趋光性、趋化性等习性，把害虫诱集杀死的一种方法。其方法简便易行、投资少、效果好，不仅减少榛农生产的用药成本，且减少榛果产品农药残留量，并提高产品的质量，是发展无公害榛子的主要技术措施之一。诱杀方法有多种，见附录表2。

附录表2　榛园害虫常用物理防治方法

诱杀方法	诱杀害虫种类	操作方法
黑光灯（扫描附录图22二维码可观看视频）	诱杀夜蛾、斜纹夜蛾、小地老虎、烟青虫、豆荚螟、蝼蛄、金龟子、棉铃虫等成虫	在夜蛾成虫盛发期夜晚开灯诱杀成虫，每30～45亩榛地堆一个高1米左右的土堆，在土堆上放置盆，盆内盛半盆水并加入少许煤油，在水盆上方离水面20厘米处挂一盏20瓦的黑光灯，每晚9点至次日凌晨4点开灯，天气闷热，无月光、无风的夜晚诱杀效果更好 附录图22　家用杀虫灯的使用
糖醋液（扫描附录图23二维码可观看视频）	诱杀斜纹夜蛾、银纹夜蛾、小地老虎等成虫	用糖3份、醋4份、酒1份和水2份，配成糖醋液，并按5%加入90%晶体敌百虫，然后把盛有毒液的容器放在榛地里高1米的土堆上，每亩放糖醋液容器3个，白天盖好，晚上揭开 附录图23　糖醋液诱杀
杨柳枝	烟青虫、棉铃虫、黏虫、斜纹夜蛾、银纹夜蛾等成虫	将长约60厘米的杨树枝、柳树枝、榆树枝按每10枝捆成一束，基部一端绑一根小木棍，每亩插5～10束枝条，并蘸95%的晶体敌百虫300倍液
性诱杀	蛾类雄蛾	用50～60目防虫网制成一个长10厘米、直径3厘米的圆形笼子，每个笼子里放两头未交配的雌蛾（可先在田间采集雌蛹放在笼里，羽化后待用），把笼子吊在水盆上，水盆内盛水并加入少许煤油，在黄昏后放于田中，每晚可诱杀很多的雄蛾
黄板	蚜虫成虫、榛瘿蚊	黄板可直接从市场购买，也可自己制作。用油漆将硬纸板涂为黄色，套上透明塑料袋，再涂上一层黏油（用10号机油加少许黄油调匀），每隔10天需重新涂抹一次黏油。黄板可诱杀成虫，每亩榛地的行间竖立放置10～15块。还可提供粉虱发生情况的监测
毒饵	蝼蛄、地老虎	在幼虫发生期间，采集新鲜嫩草，把90%晶体敌百虫50克溶解在1千克温水中，然后均匀喷拌到嫩草上，于傍晚放置在被害株旁和撒于作物行间，进行毒饵诱杀

附录6 果树常用肥料种类和性质

肥料种类与性质不同，施入土壤后的转化也各异，对果树年周期中各生育阶段的营养作用及其后效差异很大。因此，了解和掌握各种肥料的合理施用，对果树养分平衡供应，提高肥效至关重要。应根据当地果园土壤肥力状况、肥料资源与特性、果树种类与需肥规律、土壤测试结果等诸多因素来确定肥料种类。可选用单种或复合肥料来自行配制配方肥料，也可直接购买成品的多元复混配方肥料。果树配方常用的肥料种类主要有两大类，一是化学肥料，二是有机肥料。

一、化学肥料

1. 氮肥

包括碳酸氢铵、尿素、硝酸铵、氨水、氯化铵、硫酸铵等。

碳酸氢铵：又称重碳酸铵，含氮17%左右，在高温或潮湿的情况下，极易分解产生氨气挥发。呈弱酸性反应，为速效肥料。

尿素：含氮46%，是固体氮肥中含氮最多的品种。肥效比硫酸铵慢些，但肥效较长。尿素呈中性反应，适合于各种土壤。一般用作根外追肥，其浓度以0.1%～0.3%为宜。

硫酸铵：含氮素20%～21%，每千克硫酸铵的肥效相当于60～100千克人粪尿，易溶于水，肥效快。有效期短，一般10～20天。呈弱酸性反应，多用作追肥。

2. 磷肥

即以磷元素为主要成分的化肥，包括普通过磷酸钙、钙镁磷肥等。

钙镁磷肥：含磷14%～18%，微碱性，肥效较慢，后效长。若与作物秸秆、垃圾、厩肥等制作堆肥，在发酵腐熟过程中能产生有机酸而增加肥效，宜作基肥用。适于酸性或微酸性土壤，并能补充土壤中的钙和镁微量元素的不足。

3. 钾肥

以钾元素为主要成分的化肥，目前施用不多，主要品种有氯化钾、硫酸钾、硝酸钾等。

硫酸钾：含钾48% ～ 52%。主要用作基肥，也可作追肥用，宜挖沟深施，靠近发根层收效快。用作根外追肥时，使用浓度应不超过0.1%。呈中性反应，不易吸湿结块，一般土壤均可施用。进入果期的果树在果实膨大期需要较大量硫酸钾。

4. 复合肥

即肥料中含有两种肥料三要素（氮、磷、钾）的二元复合、混合肥料和含有氮、磷、钾三种元素的三元复合、混合肥料。其中混合肥在全国各地推广很快。

国际上通常按氮（N）－磷（P_2O_5）－钾（K_2O）的顺序，分别用阿拉伯数字表示肥料中三种元素的比例，称为肥料规格或肥料配方。例如15-15-15表示含N、P_2O_5、K_2O各15%，总养分为45%的三元复混肥。18-46-0表示含氮（N）18%，含磷（P_2O_5）46%，不含钾，总养分为64%的氮磷两元复混肥。

5. 中微量元素肥料

中微量元素肥料是指含有B、Mn、Mo、Zn、Cu、Fe等微量元素的化学肥料。微肥多是树体出现缺素症状后及时叶片喷施补充，如硼肥补充一般在花期以硼酸或硼酸钠进行叶面喷施补充，锌肥多数以硫酸锌溶液在春季萌芽时叶面喷施补充。

二、有机肥料

有机肥一直是我国普遍施用的重要肥料之一，其数量很大。这类肥源的数量将随着人口的增加和畜牧业的发展而增加，如能按其特性加以科学利用，对农业生产的发展具有重要作用。各类有机肥的有机质及营养元素含量高低影响施用后效果。下面介绍各类有机肥的营养含量及特点，为正确使用提供依据。

1. 有机肥营养元素含量（附录表3）

附录表3 各种有机肥营养元素含量测定统计表 单位：%

有机肥种类	水分	有机质	N	P_2O_5	K_2O
人粪	75.0	22.1	1.5	1.1	0.5
猪粪	82	15.0	0.56	0.40	0.44
牛粪	83	14.5	0.32	0.25	0.15
马粪	76	20.0	0.55	0.30	0.24
羊粪	65	28.0	0.65	0.50	0.25
兔粪		20.47	3.32	0.68	0.58
鸡粪	50.5	25.5	1.63	1.54	0.85
鸭粪	56.6	26.2	1.10	1.40	0.62
鹅粪	77.1	23.4	0.55	0.50	0.95
鸽粪	51.0	30.8	1.76	1.78	1.00
麦秆		13.7	0.50～0.67	0.2～0.34	0.53～0.60
稻草		14.2	0.63	0.11	0.85
玉米秸		15.2	0.43～0.50	0.38～0.40	1.67
豆秸		15.3	1.3	0.3	0.5
大豆饼		67.2	7.00	1.32	2.13
芝麻饼		87.1	5.80	3.00	1.30
花生饼		73.2	6.32	1.17	1.34
棉籽饼		83.6	3.14	1.63	0.97
菜籽饼		73.8	4.50	2.48	1.40
蓖麻籽饼		87.6	5.00	2.00	1.90
菇渣		65	1.62	0.45	

2. 不同有机肥特点

（1）猪粪　由于猪的饲料相对较细，粪中纤维素较少，含蜡质较多，质地较细，碳氮比较低。但含水量较多，纤维分解菌少，分解较慢，产生的热量较少。阳离子交换量高，吸附能力较强。

（2）牛粪　牛是反刍动物，饲料可反复消化，粪质细密，含水量大。碳氮比约21∶1，分解比猪粪慢，腐熟过程中产生的热量少，故有冷性肥料之称。

（3）马粪和羊粪　马粪疏松多孔，纤维素含量高，并含有较多的高温纤维分解细菌，碳氮比约为13∶1，含水分较少，腐熟过程中能产生较多的热量，故有热性肥料之称。羊粪的性质与马粪相似，粪干燥而致密，碳氮比约12∶1，也属热性肥料。

（4）兔粪　兔粪含有丰富的有机质和各种养分，可作饲料和肥料。兔粪中氮多钾少，尿中氮少钾多，碳氮比小，易腐熟，在腐解过程中能产生较多的热量，属热性肥料。还含有蔗糖、阿拉伯糖、果糖、葡萄糖及氨基酸、核糖核酸和脱氧核糖核酸等，可为作物提供多种有机养料。兔粪多用于茶、桑、瓜、果树及蔬菜等作物。

（5）禽粪　禽粪通常指鸡、鸭、鹅的排泄物，其数量取决于饲养量及排泄量，禽粪中含有丰富的养分和较多的有机质（按干重计，还含有3%～6%的钙、1%～3%的镁和微量元素）。绝大部分养分为有机态，肥效稳长。

（6）饼肥　饼肥是含油较多的种子提取油分后的残渣，俗名油饼，又称油枯。它含有丰富的营养成分，做肥料用时称为饼肥。这类资源提倡过腹还田和综合利用。饼肥是果树最好的优质有机肥，主要用作基肥，且常与堆肥、厩肥混合后做基肥，也可用作追肥。

我国的饼肥主要有大豆饼、菜籽饼、花生饼、茶籽饼、柏籽饼等，饼中含有5%～85%的有机质，含氮（N）0.1%～7.0%，磷（P_2O_5）0.4%～3.0%，钾（K_2O）0.9%～2.1%，还含有蛋白质及氨基酸等。油菜籽饼和大豆饼中，还含有粗纤维6%～10.7%、钙0.8%～11%及0.27%～0.70%的胆碱。此外，还有一定数量的烟酸及其他维生素类物质等。

饼肥中的氮以蛋白质形态存在，磷以植酸及其衍生物和卵磷脂等形态存在，均属迟效性养分，钾则多为水溶性的，用热水可从中提取出90%以上。

油饼含氮较多，碳氮比较小，易于矿质化。由于含有一定量的油脂，影响油饼的分解速度。不同油饼在兼气条件下的分解速度不同，如芝麻饼分解较快，茶籽饼分解较慢。

土壤质地影响到饼肥的分解及氮素的保存。砂土有利于分解，但保氮较差；黏土前期分解较慢，但有利于氮素保存。

有些油饼中含有毒素，如茶籽饼中的皂素，菜籽饼中的皂素和硫苷，棉籽饼中的棉酚，蓖麻籽饼中的蓖麻素，桐籽饼中的桐酸和皂素等，不能直接做饲料。将上述油饼通过化学处理或选育籽实中不含毒素的品种（如含硫苷低的油菜品种），便可饲用，以提高饼肥的利用价值。

注意事项：作追肥要腐熟后才能使用，直接施用要将饼肥充分粉碎后开沟施入，并稍离根系，以免发酵时发热灼伤根系。

（7）菇渣　指收获完食用菌后的残留培养基，主要由栽培基质和残留的菌丝体组成。菇渣养分丰富，pH为5～5.5，并含丰富的微量元素。菇渣除可作为肥料使用外，还可作为饲料、吸附剂和园林花卉及蔬菜的栽培基质。

三、叶面肥与农药混合喷施注意事项

1. 确保混合后叶面肥和农药的性状稳定

这是因为叶面肥可能与农药发生化学或物理反应，影响农药的有效性或造成药害。

2. 叶面肥与农药的混用顺序要注意

一般是用足量的水先配好一种单剂的药液，再用这种药液稀释另一种单剂。不能先混合两种单剂，再用水稀释。叶面肥混用时，叶面肥与农药混合的顺序通常为：叶面肥、可湿性粉剂、悬浮剂、水剂、乳油依次加入，每加入一种即充分搅拌混匀，再加入下一种。

3. 混合时要注意水的质量

水对药液的影响很大，水的酸碱度、离子浓度等，都会影响效果。配药用水以离子浓度低的中性水为好，如干净的雨水、河水等。

4. 注意要现配现用

药液虽然在刚配时没有不良反应，但久置容易产生缓慢的反应，使药效丧失或易产生药害。

5. 叶面肥与农药混合的使用禁忌

①碱性农药不能与铵态氮肥和过磷酸钙等化肥混用，否则会使氨挥发损失，降低肥效。

②碱性肥料如氨水、石灰、草木灰等不能与杀虫剂等农药混用，否则会降低药效。

③化学肥料不能与微生物农药混用。因为化学肥料具有挥发性和腐蚀性，易杀死微生物，降低防效。

参考文献

［1］梁维坚. 中国果树科学与实践［M］. 西安：陕西科学技术出版社，2015.

［2］贺红霞，秦嗣军. 果树寒害与防御［M］. 延吉：延边人民出版社，2002.

［3］段连臣，于志海. 黑龙江省北兴农场测土配方施肥研究进展［M］.北京：中国农业出版社，2016.

［4］梁维坚，王贵禧. 大果榛子栽培实用技术［M］. 北京：中国林业出版社，2015.

［5］张宏霞. 大果榛丰产栽培技术［J］. 林业科技，2011（6）：23-25.

［6］毛丹. 平欧榛栽培技术［J］. 安徽农学通报， 2011，17（10）：239-240.

［7］张林霞. 大果榛实用栽培技术浅谈［J］. 现代园艺，2013（9）：40-43.

［8］严春光. 平欧杂交榛子丰产栽培技术［J］. 北方果树，2016（4）：43-45.

［9］常书蓉，黄显奇，艾新民. 杂交榛栽培技术试验［J］. 北方果树，2004（3）：22-24.

［10］李朝阳，赵清泉，马玲.东北地区榛树病虫害防治研究进展［J］. 吉林农业，2017（7）：92-95.

［11］孙俊. 辽宁省榛新病害——果苞干腐病病原鉴定初报［J］. 中国果树，2013（6）：62-63.

［12］于薇薇. 大果杂交榛子病虫害的防治［J］. 北方果树，2013（3）：26-27.

［13］马瑞峰. 榛树主要病虫害发生规律及其防治［J］. 黑龙江农业科学，2016（4）：53-56.

［14］李华，钟思兰，刘剑锋. 榛实象甲的生物学特性及防治对策［J］. 安徽农业科学，2016（26）：119-121.

［15］胡跃华. 榛卷叶象甲生物学特性及防治措施［J］. 辽宁林业科技，2011（4）：32-33.
［16］马瑞峰. 榛树主要病虫害发生规律及其防治［J］. 黑龙江农业科学，2016（4）：53-56.
［17］寇晓慧. 铜绿金龟子的发生及防治措施［J］. 现代农村科技，2014（3）：25.
［18］胡跃华. 榛黄达瘿蚊生物学特性及防治措施［J］. 林业实用技术，2011（10）：37-38.
［19］胡跃华. 辽宁平榛主要有害生物的发生及防治［J］. 辽宁林业科技，2016（2）：76-78.
［20］刘义，刘春静，刘淑艳，等. 辽宁铁岭榛白粉病病原菌研究［J］. 菌物研究，2013（1）：24-26.
［21］王忠. 平榛白粉病发生规律的研究［J］. 防护林科技，2016（7）：46-48.
［22］顾玉锋，牛兴良. 粘虫胶板在野生榛林防虫减灾中应用试验［J］. 中国林副特产，2016（3）：39-41.
［23］乔雪静，封慧戎，封凯戎，等. 榛子病虫害的防治措施［J］. 北京农业，2016（3）：44-45.
［24］戴永利，于冬梅. 平欧杂种榛配方施肥研究［J］. 辽宁林业科技，2016（2）：20-21.
［25］林宝凤. 大果榛子的合理施肥方法［J］. 辽宁林业科技，2011（8）：78-79.